高等院校数字化建设精品教材

高等数学

（下册）

主　编　李成群　秦　斌
副主编　屈思敏　黎协锐
编　者　（按姓氏笔画排序）
史丽华　朱红英　孙宪波　严可颂
李延波　张晶华　林承初　周成容
姚胜伟　黄　勤　黄玲花
主　审　曾凡平

北京大学出版社
PEKING UNIVERSITY PRESS

内 容 简 介

本书是根据教育部制定的《经济管理类本科数学基础课程教学基本要求》，面向应用型高等院校经管类学生编写的高等数学教材. 全书分为上、下两册，下册主要内容有空间解析几何简介，多元函数微分学，多元函数积分学，无穷级数，常微分方程等.

本书精选了大量的例题和习题，帮助读者更好地理解基本概念，掌握基本方法；每章结尾给出了知识网络图，便于课后总结归纳，还给出了覆盖全章知识点的总习题(A 类)，以及为学有余力的学生准备的往年考研试题 —— 总习题(B 类)，其中第六章只有总习题(A 类)；书末附有习题参考答案.

本书可供应用型高等院校经济管理类本科各专业的学生使用，也可作为其他专业的教师和学生的教材参考书.

图书在版编目(CIP) 数据

高等数学. 下册 / 李成群，秦斌主编. — 北京：北京大学出版社，2022. 1
ISBN 978-7-301-32761-6

Ⅰ. ① 高 … Ⅱ. ① 李 … ② 秦 … Ⅲ. ① 高等数学—高等学校—教材 Ⅳ. ①O13

中国版本图书馆 CIP 数据核字(2021) 第 257806 号

书　　名 高等数学(下册)
GAODENG SHUXUE (XIACE)
著作责任者 李成群　秦　斌　主编
责任编辑 尹照原
标准书号 ISBN 978-7-301-32761-6
出版发行 北京大学出版社
地　　址 北京市海淀区成府路 205 号　100871
网　　址 http://www. pup. cn
电子信箱 zpup@pup. cn
新浪微博 @ 北京大学出版社
电　　话 邮购部 010-62752015　发行部 010-62750672　编辑部 010-62752021
印 刷 者 长沙超峰印刷有限公司
经 销 者 新华书店
787 毫米×1092 毫米　16 开本　9. 25 印张　231 千字
2022 年 1 月第 1 版　2022 年 1 月第 1 次印刷
定　　价 38. 00 元

前　言

本书是根据教育部制定的《经济管理类本科数学基础课程教学基本要求》，面向应用型高等院校经管类学生编写的高等数学教材. 在本书的编写过程中，我们参阅了大量文献，充分吸收其他教材的优点，在保证教学基本要求的前提下，为适应应用型本科院校学生的需求，对一些内容做了适当精简与合并，力争使本教材具有如下特点:通俗、简单、应用性强.

在内容编排上，我们在每章的开头设有“本章导学”和“问题背景”，使读者在学习每一章之前，先对内容有一个大致的了解. 在内容安排上，力求做到深入浅出、通俗易懂，通过例子、几何图形等帮助读者理解，最终达到熟记. 其中的定理和性质有选择地给出证明过程，省略一些烦琐、冗长的推导过程. 书中的例子都经过精心挑选，特别加强高等数学在经济问题中的应用，相信这些例子有助于读者更好地理解教材内容，加强学生应用意识和创新能力的培养. 同时，在每一节的结尾都安排“小结”和“应用导学”，并配有相应的习题，帮助读者巩固所学知识. 另外，在每一章的结尾附有“知识网络图”“总习题(A 类)”“总习题(B 类)”(除第六章外)，对学生全面掌握知识很有帮助，其中总习题(A 类)面向全体学生考察基础知识的综合运用能力，总习题(B 类)是往年的考研试题，面向一些学有余力及有考研志向的学生.

本书分为上、下两册，共十章. 上册内容包括函数、极限与连续，导数与微分，导数的应用，不定积分，定积分及其应用等；下册内容包括空间解析几何简介，多元函数微分学，多元函数积分学，无穷级数，常微分方程等.

本书由李成群、秦斌任主编，屈思敏、黎协锐任副主编，曾凡平主审，其他参加编写人员有黄玲花、黄勤、严可颂、史丽华、姚胜伟、张晶华、周成容、林承初、孙宪波、朱红英、李延波. 全书由李成群、朱红英、李延波负责统稿. 贾华、朱顺春筹备了配套教学资源，谷任盟、易永荣提供了版式和装帧设计方案，在此一并表示感谢.

本教材在编写过程中得到了农卓恩教授的大力支持，在此深表感谢!

由于编者水平有限，书中难免存在疏漏和不妥之处，恳请专家、同行和读者批评指正.

编　者

目　　录

第六章 空间解析几何简介

本章导学

本章先建立空间直角坐标系，然后利用坐标给出空间上任意两点间的距离公式，并介绍空间解析几何的有关内容. 通过本章的学习要达到：(1) 理解空间直角坐标系、平面和直线的概念；(2) 了解平面和直线的基本性质；(3) 熟练掌握空间上任意两点间的距离公式；(4) 理解曲线、曲面和二次曲面的概念及它们之间的关系；(5) 了解曲线、曲面和二次曲面的一些特殊性质；(6) 掌握较简单二次曲面的求法，并能利用曲线、曲面和二次曲面的特殊性质简单画出其相应图形.

问题背景

空间解析几何是高等数学的一个重要组成部分，是研究“空间代数法”的理论，是表示空间函数、研究空间函数的性质以及进行空间计算的一种工具. 如今，空间解析几何已经渗透到科学技术的很多领域，成为数学理论和应用中不可缺少的有力工具. 本章主要内容包括空间曲线和空间曲面. 在空间曲线中，主要介绍空间曲线的一些基本概念和性质、空间直角坐标系的建立和直线等；在空间曲面中，主要介绍空间曲面、二次曲面、柱面和平面的概念及其求法等.

第一节　空间直角坐标系

在高等数学中引入空间直角坐标系的目的，与物理学中引入单位制一样，是提供一个度量几何对象的方法. 在学习平面几何时，我们知道，通过在平面上建立直角坐标系，平面上的任意一点都能与一个有序数对建立一一对应的关系. 利用这样的方法，我们得到了平面上任意一点的定量确定位置. 由于坐标系不但能够提供方向的定义，使得任意的方向都能够通过坐标系而得到确定且唯一的描述，还能够提供长度的单位，基于这个单位能够度量空间长度. 因此，为了得到空间上的任意一点的定量确定位置，我们需要建立相应的空间直角坐标系.

一、空间直角坐标系

在空间上任取一点 O，过点 O 作三条具有相同长度单位且两两相互垂直的数轴 Ox，Oy 与 Oz，这样我们就可以用这三条具有公共点 O 的不共面的数轴 Ox，Oy 与 Oz 来表示**空间直角坐标系**，记作 $Oxyz$. 公共点 O 称为空间直角坐标系的原点，三条数轴 Ox，Oy 与 Oz 分别称为 x **轴**（**横轴**）、y **轴**（**纵轴**）和 z **轴**（**竖轴**），统称为**坐标轴**，如图 6－1 所示. 三条坐标轴正方向要符合**右手准则**，即以右手握住 z 轴，当右手的四个手指从 x 轴正方向以 $\frac{\pi}{2}$ 角度转向 y 轴正方向时，大拇指的指向就是 z 轴正方向. 习惯上，把 x 轴和 y 轴放在水平面上，而把 z 轴放在垂直线上.

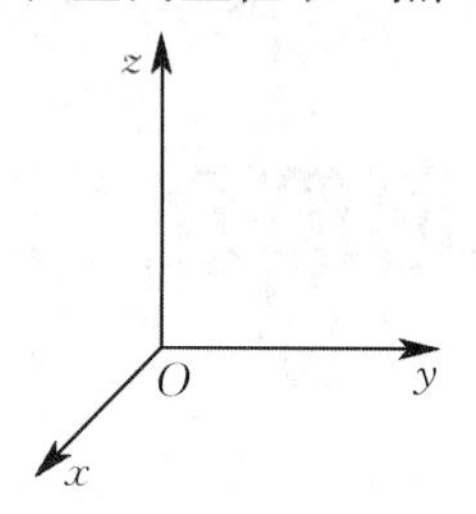

图 6－1

每两条坐标轴所确定的平面称为**坐标平面**. 按照坐标平面所包含的坐标轴，依次把 x 轴和 y 轴所确定的平面称为 xOy **平面**；y 轴和 z 轴所确定的平面称为 yOz **平面**；z 轴和 x 轴所确定的平面称为 zOx **平面**.

三个坐标平面把空间分成八个部分，每一部分叫作一个**卦限**. 如图 6－2 所示的八个区域，按照排列顺序 Ⅰ，Ⅱ，…，Ⅷ，依次称为**第 Ⅰ 卦限**、**第 Ⅱ 卦限**……**第 Ⅷ 卦限**. 也就是说，把含有 x 轴、y 轴和 z 轴正半轴的那个卦限称为第 Ⅰ 卦限，依逆时针方向依次确定第 Ⅱ、第 Ⅲ、第 Ⅳ 卦限，它们都在 xOy 平面上方；同理，在 xOy 平面下方对应于第 Ⅰ、第 Ⅱ、第 Ⅲ 和第 Ⅳ 卦限依逆时针方向依次确定第 Ⅴ、第 Ⅵ、第 Ⅶ 和第 Ⅷ 卦限.

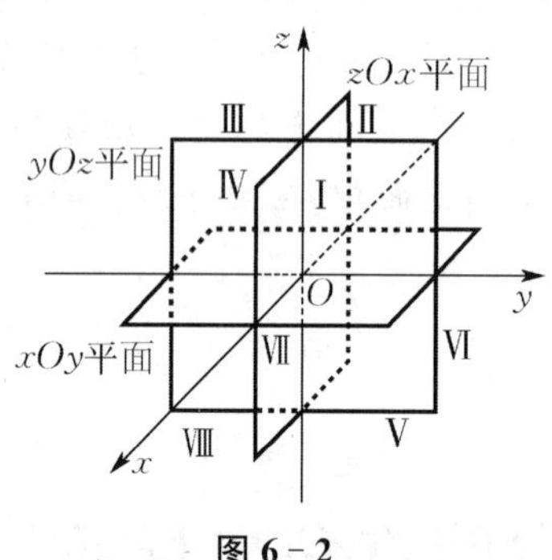

图 6－2

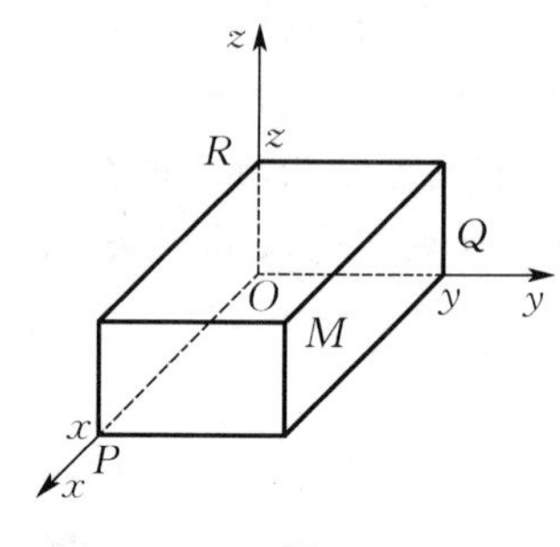

图 6－3

建立了空间直角坐标系后，空间上任意一点的位置都可以唯一确定. 设空间上任一点 M，过点 M 作三个平面分别垂直于 x 轴、y 轴和 z 轴，且与这三条轴分别交于 P，Q，R 三点，如图 6－3 所示. 这三点在 x 轴、y 轴和 z 轴上的坐标依次为 x，y，z，那么点 M 唯一确定了一个空间直角坐标系中的元素 (x,y,z).

反之，对于空间直角坐标系中的元素 (x,y,z)，分别在 x 轴、y 轴和 z 轴上取坐标为 x，y，z 的点 P，Q，R，然后通过点 P，Q，R 分别作垂直于 x 轴、y 轴和 z 轴的平面. 这三个平面的交点 M 便是由元素 (x,y,z) 唯一确定的点. 这样一来，我们就建立了空间上的点 M 与空间直角坐标系中的元素 (x,y,z) 的一一对应关系. 称 (x,y,z) 为点 M 的**坐标**，依次称 x，y 和 z 为点 M 的**横坐标**、**纵坐标**和**竖坐标**，点 M 可记作 $M(x,y,z)$.

根据空间直角坐标系的特性，显然原点 O 的坐标为$(0,0,0)$. 此外，位于坐标轴上的点的坐标有两个为零，如 x 轴上的点$(x,0,0)$；位于坐标平面上的点的坐标有一个为零，如 xOy 平面上的点$(x,y,0)$.

由此可见，在相同卦限内的点对应坐标的符号应该是一致的，但是不同卦限内的点对应坐标的符号就不一致. 各卦限内对应点的坐标(x,y,z) 的符号如表 6－1 所示.

表 6－1

坐标	卦限							
	Ⅰ	Ⅱ	Ⅲ	Ⅳ	Ⅴ	Ⅵ	Ⅶ	Ⅷ
x	＋	－	－	＋	＋	－	－	＋
y	＋	＋	－	－	＋	＋	－	－
z	＋	＋	＋	＋	－	－	－	－

二、空间上任意两点间的距离

设 $M_1(x_1,y_1,z_1)$ 和 $M_2(x_2,y_2,z_2)$ 为空间上任意两点，过点 M_1 和 M_2 各作三个平面分别垂直于三条坐标轴. 这六个平面围成一个以线段 M_1M_2 为对角线的长方体，如图 6－4 所示. 那么，空间线段 M_1M_2 的长度怎么求呢？

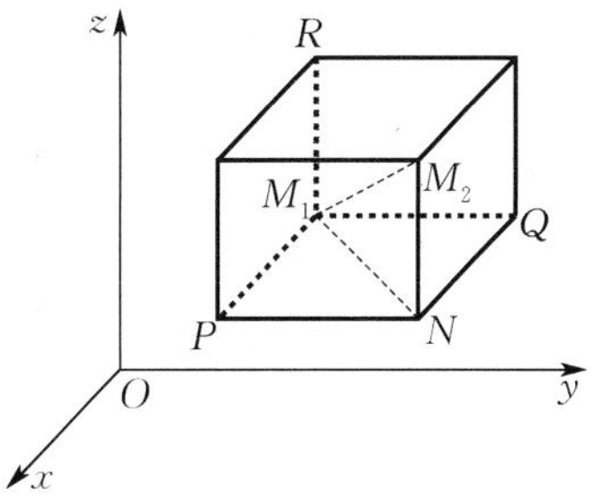

图 6－4

由图 6－4 可知，点 M_1 与点 M_2 的空间距离 d 就是空间线段 M_1M_2 的长度. 在直角三角形 M_1NM_2 及直角三角形 M_1PN 中，利用勾股定理可得

$$|M_1M_2|^2=|M_1P|^2+|PN|^2+|NM_2|^2.$$

而点 P 的坐标为(x_2,y_1,z_1)，点 N 的坐标为(x_2,y_2,z_1)，则有

$$|M_1P|=|x_2-x_1|,\quad |PN|=|y_2-y_1|,\quad |NM_2|=|z_2-z_1|.$$

代入上式，得

$$\begin{aligned}d=|M_1M_2|&=\sqrt{|M_1P|^2+|PN|^2+|NM_2|^2}\\&=\sqrt{(x_2-x_1)^2+(y_2-y_1)^2+(z_2-z_1)^2},\end{aligned}$$

即得空间线段 M_1M_2 的长度.

由于 $M_1(x_1,y_1,z_1)$ 与 $M_2(x_2,y_2,z_2)$ 是空间上的任意两点，因此得到空间上任意**两点间的距离公式**：

$$d=\sqrt{(x_2-x_1)^2+(y_2-y_1)^2+(z_2-z_1)^2}. \qquad (6-1-1)$$

特别地，如果点 M_1 和点 M_2 都在 xOy 平面上，这时 $z_1=z_2=0$，此时空间直角坐标系变为平面直角坐标系，则任意两点 M_1 与 M_2 间的距离为

$$d=\sqrt{(x_2-x_1)^2+(y_2-y_1)^2}. \qquad (6-1-2)$$

显然，空间上任意一点 $M(x,y,z)$ 与原点 $O(0,0,0)$ 的距离为

$$d=\sqrt{x^2+y^2+z^2}.$$

例 1　设点 N 在 y 轴上，它到点 $M(2,2,-4)$ 的距离为到点 $P(1,2,1)$ 的距离的

两倍,求点 N 的坐标.

解 根据题意,设所求点的坐标为 $N(0,y,0)$. 因为 $|MN|=2|NP|$,所以利用空间上任意两点间的距离公式,有

$$\sqrt{(0-2)^2+(y-2)^2+(0+4)^2}=2\sqrt{(1-0)^2+(2-y)^2+(1-0)^2},$$

解得 $y=0$ 或 $y=4$. 因此,所求点为 $N(0,0,0)$ 或 $N(0,4,0)$.

小结

本节学习需注意以下几点:(1) 空间直角坐标系的建立、右手准则及空间上任意一点的表示形式;(2) 各个卦限的表示及各个卦限内对应点的坐标的符号;(3) 空间上任意两点间的距离公式.

应用导学

空间解析几何是用代数的方法研究空间几何图形. 本节介绍了空间直角坐标系、空间两点间的距离公式等基本概念,这些内容对多元函数积分学将起到重要的作用.

习题 6-1

1. 在空间直角坐标系中,求点 $P(1,1,1)$ 关于:

(1) xOy 平面对称的点的坐标; (2) x 轴对称的点的坐标;

(3) z 轴对称的点的坐标.

2. 设空间直角坐标系中有任意一点 $P(a,b,c)$,求出它在:

(1) yOz 平面上的坐标; (2) 第 Ⅱ 卦限内的坐标;

(3) x 轴上的坐标.

3. 在空间直角坐标系中,求点 $P(1,1,1)$ 到点 $Q(2,1,2)$ 的距离.

4. 求点 $P(1,-2,3)$ 到空间直角坐标系中各坐标轴的距离.

第二节 曲面与曲线

一、曲面方程

如果空间曲面 Σ 上任意一点的坐标 (x,y,z) 都满足方程 $F(x,y,z)=0$,同时,满足方程 $F(x,y,z)=0$ 的 (x,y,z) 是曲面 Σ 上的点的坐标,则称方程 $F(x,y,z)=0$ 为曲面 Σ 的**轨迹方程**或**曲面方程**.

下面我们通过一些例子来说明怎么根据曲面上点的特征求解曲面方程,即知道曲面上的点的轨迹变化规律,求解相应的轨迹方程或曲面方程.

例 1　求以点 $P_0(x_0,y_0,z_0)$ 为球心，r 为半径的球面方程.

解　设点 $P(x,y,z)$ 是球面上的任意一点，则 $|P_0P|=r$，即

$$\sqrt{(x-x_0)^2+(y-y_0)^2+(z-z_0)^2}=r.$$

因此，所求的球面方程是

$$(x-x_0)^2+(y-y_0)^2+(z-z_0)^2=r^2.$$

特殊地，当点 P_0 在原点时，球面方程就变成了

$$x^2+y^2+z^2=r^2.$$

例 2　方程 $x^2+y^2+z^2-2x+4y=0$ 表示怎样的曲面?

解　对原方程配方，得

$$(x-1)^2+(y+2)^2+z^2=5,$$

所以原方程表示以点 $M_0(1,-2,0)$ 为球心，$r=\sqrt{5}$ 为半径的球面.

二、二次曲面

与平面的二次曲线概念相仿，我们将空间直角坐标系中与三元二次方程

$$a_{11}x^2+a_{22}y^2+a_{33}z^2+2a_{12}xy+2a_{13}xz+2a_{23}yz+b_1x+b_2y+b_3z+c=0$$

所对应的曲面称为**二次曲面**，其中 $a_{11},a_{22},a_{33},a_{12},a_{13},a_{23},b_1,b_2,b_3$ 和 c 为常数.

二次曲面在曲面中占有重要地位，这不仅在于二次曲面极为常用，还在于许多复杂的曲面在一定的条件下可以用二次曲面近似代替.

利用线性代数中的二次型理论知识，我们知道，经过适当的坐标变换可以把一般的二次曲面方程变成不含交叉项(两个不同变量的乘积项)，以及不含某个变量的一次项和二次项的简单方程. 一般地，我们把经过适当的坐标变换后得到的简单曲面方程称为**二次曲面的标准方程**.

下面就空间直角坐标系中二次曲面的几个典型曲面做一些简单的介绍，本书不深入探讨二次曲面的性质.

1. 球面

形如

$$x^2+y^2+z^2=r^2 \quad (r>0)$$

的方程表示以原点为球心，r 为半径的球面. 一般地，形如

$$(x-x_0)^2+(y-y_0)^2+(z-z_0)^2=r^2 \quad (r>0)$$

的方程表示以点 $P_0(x_0,y_0,z_0)$ 为球心，r 为半径的球面.

2. 椭球面

所谓**椭球面**，就是将 xOy 平面上的椭圆 $\dfrac{x^2}{a^2}+\dfrac{y^2}{b^2}=1$ 绕 x 轴旋转一周所得到的旋转曲面 $\dfrac{x^2}{a^2}+\dfrac{y^2+z^2}{b^2}=1$. 一般地，我们把形如

$$\frac{x^2}{a^2}+\frac{y^2}{b^2}+\frac{z^2}{c^2}=1 \quad (a>0,b>0,c>0)$$

的方程称为**椭球面方程**，如图 6－5 所示.

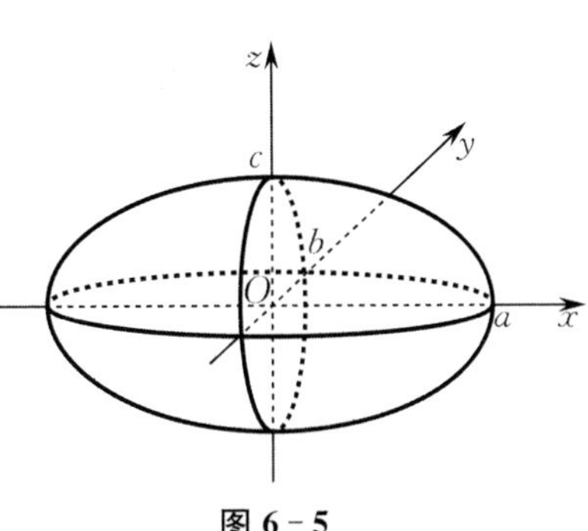

图 6－5

3. 双曲面

1) 单叶双曲面

所谓**单叶双曲面**,就是将 yOz 平面上的双曲线 $\frac{y^2}{a^2}-\frac{z^2}{b^2}=1$ 绕虚轴(z 轴)旋转一周所得到的旋转曲面 $\frac{x^2+y^2}{a^2}-\frac{z^2}{b^2}=1$. 一般地,我们把形如

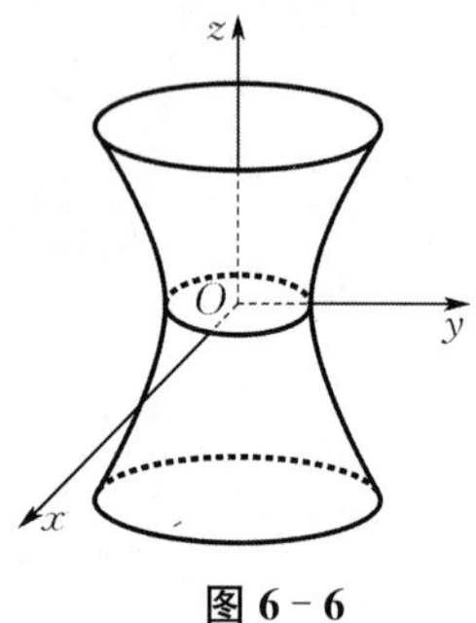

图 6-6

$$\frac{x^2}{a^2}+\frac{y^2}{b^2}-\frac{z^2}{c^2}=1 \quad (a>0,b>0,c>0)$$

的方程称为**单叶双曲面方程**,如图 6-6 所示.

注 在冶金、电力、化工等领域使用的烟囱、冷却塔,有相当一部分是以单叶双曲面为外形的,故单叶双曲面在现实生活中具有很大的实用价值.

2) 双叶双曲面

所谓**双叶双曲面**,就是将 yOz 平面上的双曲线 $-\frac{y^2}{a^2}+\frac{z^2}{b^2}=1$ 绕实轴(z 轴)旋转一周所得到的旋转曲面 $-\frac{x^2+y^2}{a^2}+\frac{z^2}{b^2}=1$. 显然,这时必须有 $|z|\geqslant b$,也就是所得曲线的图形分成了上下不相连的两部分. 一般地,我们把形如

$$\frac{x^2}{a^2}+\frac{y^2}{b^2}-\frac{z^2}{c^2}=-1 \quad (a>0,b>0,c>0)$$

的方程称为**双叶双曲面方程**,如图 6-7 所示.

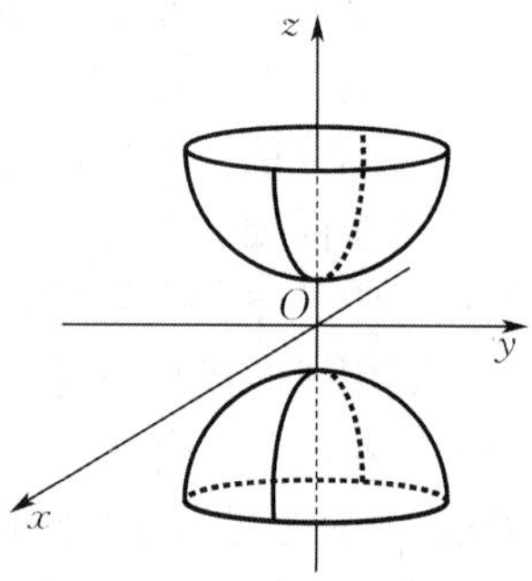

图 6-7

4. 锥面

在 yOz 平面上让双曲线 $\frac{y^2}{a^2}-\frac{z^2}{b^2}=t^2$ 的焦点趋于它的中心(t 趋于 0),就得到一对相交于原点,且关于 z 轴对称的直线,即直线 $\frac{y^2}{a^2}-\frac{z^2}{b^2}=0$. 我们把所得直线绕 z 轴旋转一周所得到的旋转曲面 $\frac{x^2+y^2}{a^2}-\frac{z^2}{b^2}=0$ 称为**圆锥面**. 一般地,我们把形如

$$\frac{x^2}{a^2}+\frac{y^2}{b^2}-\frac{z^2}{c^2}=0 \quad (a>0,b>0,c>0)$$

的方程称为**二次锥面方程**,如图 6-8 所示.

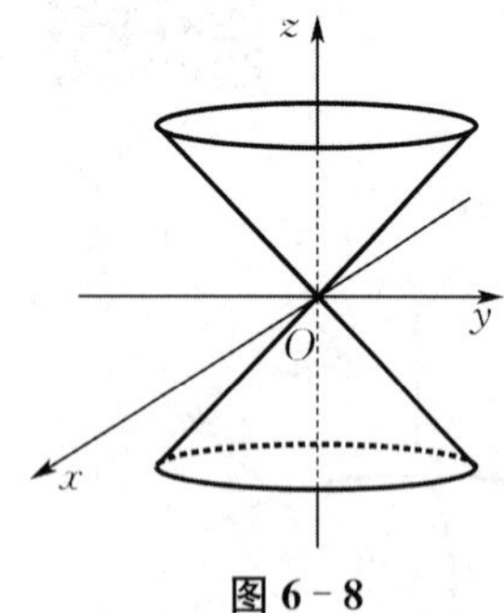

图 6-8

5. 抛物面

1) 椭圆抛物面

所谓**椭圆抛物面**,就是将 yOz 平面上的抛物线 $z=\frac{y^2}{a^2}$ 绕它的对称轴(z 轴)旋转一周所得

到的旋转曲面 $z=\dfrac{x^2+y^2}{a^2}$. 显然，当 $z\geqslant 0$ 时，所得的椭圆抛物面只存在于空间直角坐标系中上半部分. 一般地，我们把形如

$$z=\frac{x^2}{a^2}+\frac{y^2}{b^2}\quad(a>0,b>0)$$

的方程称为**椭圆抛物面方程**，如图 6 - 9 所示.

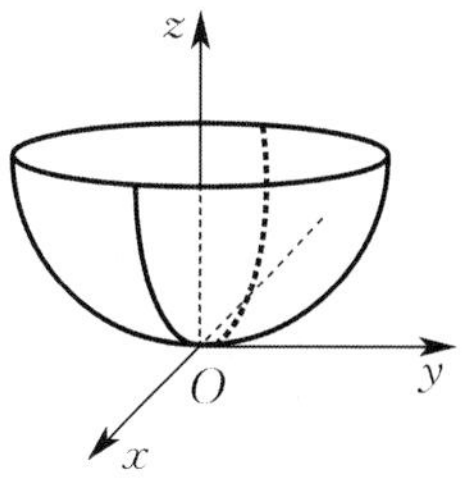

图 6 - 9

特殊地，当椭圆抛物面是旋转抛物面时，它可以看作空间中到一个定点(称为**焦点**) 和一个给定平面(称为**准平面**) 等距离的动点的轨迹，因而它与平面解析几何中的抛物线具有类似的性质：在焦点处放一个点光源，经旋转抛物面反射后成为一束平行光. 由于光路可逆，一束与准平面垂直的平行光经旋转抛物面反射后会聚于它的焦点. 在现实中这个性质非常有用，如雷达、射电天文望远镜的天线都是旋转抛物面(或旋转抛物面的一部分)，而伞形太阳灶的反射面也可以看作旋转抛物面的近似.

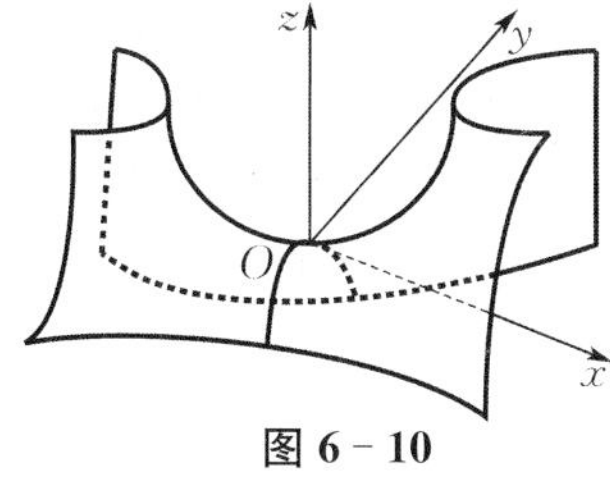

图 6 - 10

2) 双曲抛物面

一般地，我们把形如

$$z=\frac{x^2}{a^2}-\frac{y^2}{b^2}\quad(a>0,b>0)$$

的方程称为**双曲抛物面方程**，如图 6 - 10 所示，它被形象地称为**马鞍面**.

三、柱面

· 定义 1 在空间直角坐标系中，直线 L 沿着定曲线 C 平行移动所形成的轨迹称为**柱面**，其中定曲线 C 称为**柱面的准线**，动直线 L 称为**柱面的母线**(见图 6 - 11).

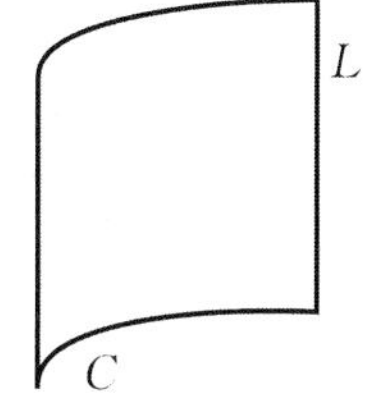

图 6 - 11

例 3 指出方程 $y=x^2$ 表示的曲面.

解 显然在平面直角坐标系中，这是一条抛物线.

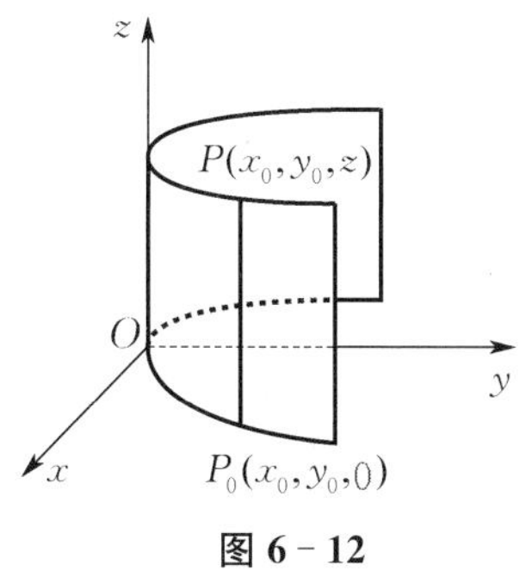

图 6 - 12

我们进一步考虑空间直角坐标系中的情况. 设 xOy 平面上的点 $P_0(x_0,y_0,0)$ 在抛物线 $y=x^2$ 上，即点 P_0 的坐标满足抛物线方程. 由于抛物线方程 $y=x^2$ 中不含变量 z，因此对于任意的 z，点 $P(x_0,y_0,z)$ 满足抛物线方程，即点 P 在 $y=x^2$ 所表示的曲面上. 这就是说，若过点 P_0 作一条垂直于 xOy 平面(与 z 轴平行) 的直线，则这条直线属于 $y=x^2$ 所表示的曲面. 由此可得，当取完抛物线上所有的点，即这条直线沿抛物线平行移动，就得到了 $y=x^2$ 表示的曲面，如图 6 - 12 所示. 我们把它称为**抛物柱面**.

显然，平面是一种特殊的柱面，它的准线通常取作一条直线. 另外，不含 z 的方程 $f(x,y)=0$ 表示以 xOy 平面上的曲线 $f(x,y)=0$ 为准线，母线平行于 z 轴的柱面. 例如，$x^2+y^2=1$ 表示以 xOy 平面上的单位圆为准线，母线平行于 z 轴的圆柱面.

四、平面

平面是空间直角坐标系中最简单又最重要的曲面. 可以证明，空间直角坐标系中任一平

面都可以用三元一次方程

$$Ax+By+Cz+D=0$$

表示,其中系数 A,B,C,D 不全为零,称为**平面的一般方程**.

下面我们简单讨论平面方程的一些特殊情况.

(1) 若 A,B,C,D 全不为零,则平面方程与三条坐标轴的交点分别为 $\left(-\frac{D}{A},0,0\right)$,$\left(0,-\frac{D}{B},0\right)$ 和 $\left(0,0,-\frac{D}{C}\right)$.

(2) 若 $D=0$,平面的一般方程变成 $Ax+By+Cz=0$,则空间直角坐标系的原点(0,0,0)满足平面方程,即此时平面经过原点;反之,若平面经过原点,则一般方程中 $D=0$.

(3) 若 A,B,C 中有一个为零,如 $C=0$,则平面的一般方程变成 $Ax+By+D=0$. 当 $D\neq 0$ 时,z 轴上的任意一点 $(0,0,z)$ 都不满足平面一般方程,此时平面与 z 轴平行;当 $D=0$ 时,z 轴上的每一点都满足平面一般方程,此时 z 轴在平面上,即平面经过 z 轴. 反之,当平面平行于 z 轴时,有 $D\neq 0,C=0$;当平面经过 z 轴时,有 $D=C=0$. 同理,当 $A=0$ 或 $B=0$ 时,也有类似的情况. 综上所述,当且仅当 $D\neq 0,C=0(B=0$ 或 $A=0)$ 时,平面平行于 z 轴(y 轴或 x 轴);当且仅当 $D=0,C=0$ $(B=0$ 或 $A=0)$ 时,平面经过 z 轴(y 轴或 x 轴).

(4) 若 A,B,C 中有两个为零,则当且仅当 $D\neq 0,B=C=0(A=C=0$ 或 $A=B=0)$ 时,平面平行于 yOz 平面(zOx 平面或 xOy 平面);当且仅当 $D=0,B=C=0(A=C=0$ 或 $A=B=0)$ 时,平面即为 yOz 平面(zOx 平面或 xOy 平面).

此外,我们也需要注意空间解析几何与平面解析几何的区别与联系. 例如对于方程 $2x+y=0$ 和方程 $x=3$,在平面解析几何中,它们都表示直线[见图 6-13(a),(b)],但在空间解析几何中,它们都表示平面[见图 6-13(c),(d)].

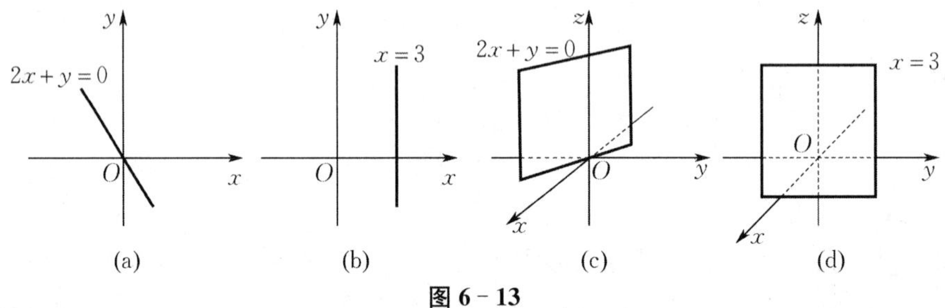

图 6-13

例 4 求经过 z 轴和点(1,1,1)的平面方程.

解 根据题意并结合平面方程的一般讨论,可设所求平面方程为 $Ax+By=0$. 又平面经过点(1,1,1),即有 $A+B=0$,解得 $A=-B$. 代入所设的平面方程,两端除以 $B(B\neq 0)$,即得到所求平面方程为 $y-x=0$.

五、曲线

一般地,空间的一条曲线可以看成两个曲面 $F(x,y,z)=0$ 和 $G(x,y,z)=0$ 的交线,因此曲线方程可以表示为

$$\begin{cases}F(x,y,z)=0,\\G(x,y,z)=0.\end{cases}$$

这个方程称为**曲线的一般方程**.

特别地,当 $F(x,y,z)=0$ 和 $G(x,y,z)=0$ 都是平面时,所得到的交线是一条直线,所以直线的一般方程是曲线的一般方程的特殊情况.

例 5　方程 $\begin{cases}x^2+z^2=4z,\\x^2=-4y\end{cases}$ 表示的曲线是圆柱面 $x^2+z^2=4z$ 与抛物柱面 $x^2=-4y$ 的交线,如图 6-14 所示.

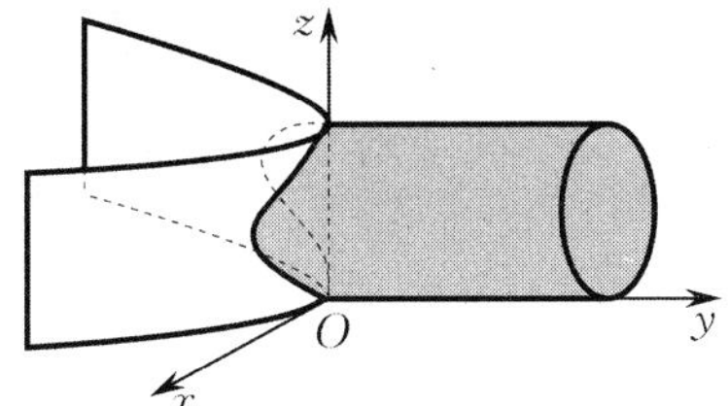

图 6-14

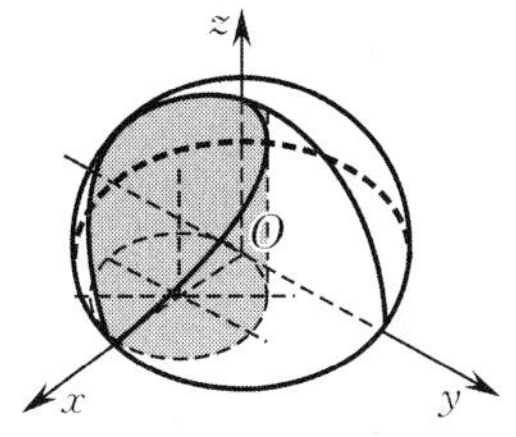

图 6-15

例 6　指出方程 $\begin{cases}x^2+y^2+z^2=a^2,\\x^2+y^2=ax\end{cases}$ $(z>0)$ 表示的曲线.

解　方程 $x^2+y^2+z^2=a^2(z>0)$ 表示以原点为球心,a 为半径的球面的上半部分,而 $x^2+y^2=ax$ 表示以 xOy 平面上的圆 $\left(x-\dfrac{a}{2}\right)^2+y^2=\left(\dfrac{a}{2}\right)^2$ 为准线,母线平行于 z 轴的圆柱面. 它们的交线如图 6-15 所示.

通过对曲线及平面的介绍,我们知道,如果给定了空间中两个互不平行的平面 $A_1x+B_1y+C_1z+D_1=0$ 和 $A_2x+B_2y+C_2z+D_2=0$,则这两个平面相交于一条直线,即这两个平面的联立方程

$$\begin{cases}A_1x+B_1y+C_1z+D_1=0,\\A_2x+B_2y+C_2z+D_2=0\end{cases}$$

表示的是一条直线. 此种形式的方程,称为**直线的一般方程**.

例 7　指出下列方程组所表示的曲线:

(1) $\begin{cases}x+1=0,\\y-1=0;\end{cases}$　　(2) $\begin{cases}x+y+z=1,\\y=2.\end{cases}$

解　(1) 该方程组表示两个平面的交线 $\begin{cases}x=-1,\\y=1,\end{cases}$ 如图 6-16(a) 所示.

(2) 该方程组表示两个平面的交线 $\begin{cases}x+z=-1,\\y=2,\end{cases}$ 如图 6-16(b) 所示.

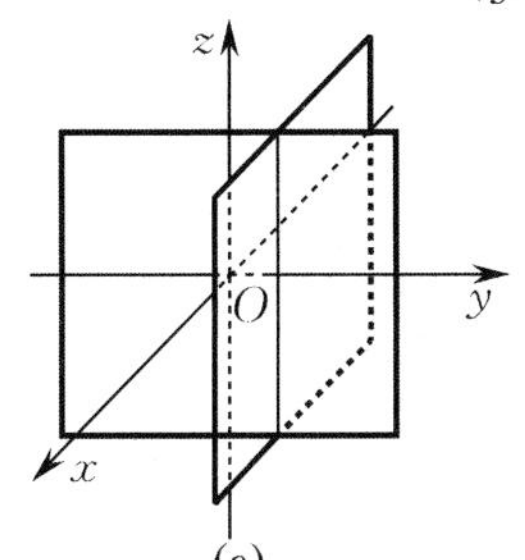

(a)　　(b)

图 6-16

小结

本节学习需注意以下几点:(1) 了解曲面、二次曲面、柱面、平面和曲线的定义;(2) 理解曲面、二次曲面、柱面和平面的一些典型例子.

应用导学

对于空间曲面方程的研究,我们既要注意曲面、二次曲面和曲线的定义,还要注意一些典型二次曲面的图形,这些内容对多元函数积分学将起到重要的作用.

习题 6-2

1. 求以点(1,-1,1)为球心,$r=2$ 为半径的球面方程.

2. 求球心在原点,且经过点(1,2,2)的球面方程.

3. 指出下列方程在空间解析几何中所表示的图形:

(1) $x=1$;　　(2) $y=2x-1$;

(3) $x^2-4y^2=1$;　　(4) $x^2+y^2=16$.

4. 指出下列方程组所表示的曲线:

(1) $\begin{cases} x^2+y^2+z^2=16, \\ z=3; \end{cases}$　　(2) $\begin{cases} x^2+2y^2+3z^2=18, \\ z=2; \end{cases}$

(3) $\begin{cases} x^2-2y^2+z^2=16, \\ x=1; \end{cases}$　　(4) $\begin{cases} x^2-2y+z^2=16, \\ x=1. \end{cases}$

知识网络图

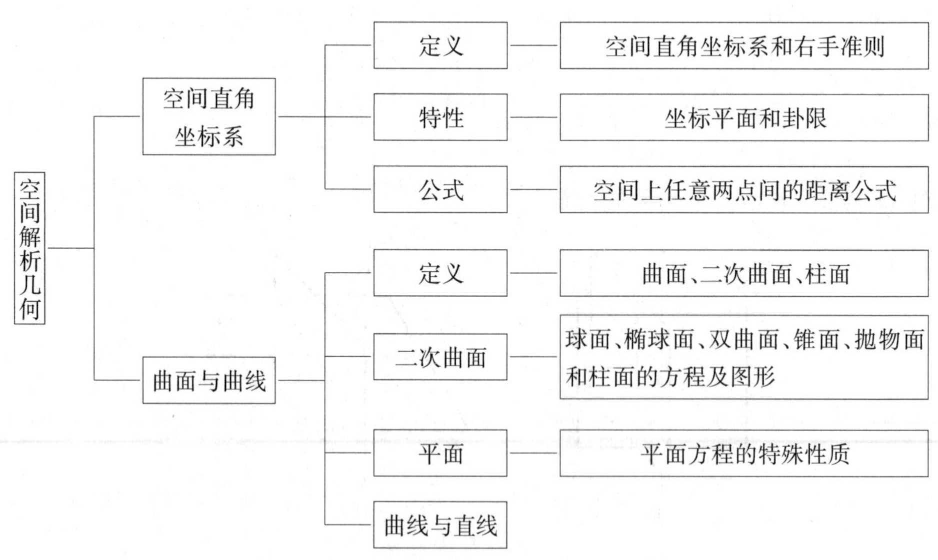

总习题六（A类）

1. 选择题：

(1) 设点 $P(a,b,c)$ 在空间直角坐标系的第 Ⅰ 卦限，则下列说法正确的是(　　)；

A. 点 P 的坐标全部都是负数　　B. 点 P 的坐标含有数 0

C. 点 P 的坐标全部都是正数　　D. 点 P 的坐标含有一个负数和两个正数

(2) 以三点 $A(4,1,9)$，$B(10,-1,6)$，$C(2,4,3)$ 为顶点的三角形是(　　)；

A. 等边三角形　　B. 等腰三角形　　C. 锐角三角形　　D. 钝角三角形

(3) 方程 $2x^2+2y^2+z^2+4x+8y-2z=64$ 表示(　　).

A. 点　　B. 双叶双曲面　　C. 椭球面　　D. 双曲线

2. 填空题：

(1) 点 $P(1,2,3)$ 关于 x 轴对称的点为________；

(2) 点 $P(1,2,3)$ 关于 xOy 平面对称的点为________；

(3) 到点 $P(1,2,3)$ 和点 $Q(2,1,3)$ 距离相等的点的轨迹方程为________.

3. 判断题：

(1) 空间直角坐标系中 z 轴的正方向与 x 轴、y 轴的正方向无关；　　(　　)

(2) 动点到定点 $A(1,1,1)$ 和定点 $B(1,2,3)$ 距离相等的点的轨迹是圆.　　(　　)

4. 指出下列方程在空间解析几何中所表示的图形：

(1) $3x^2+4y^2=1$；　　(2) $\dfrac{x^2}{2}-\dfrac{y^2}{3}=1$；

(3) $z^2=4x$；　　(4) $4y^2+\dfrac{z^2}{3}=1$.

第七章

多元函数微分学

本章导学

多元函数微分学是一元函数微分学的推广. 本章以二元函数为主,介绍多元函数的概念、极限、连续、偏导数、全微分及其应用. 在偏导数的应用中,包括多元函数的极值、最大值和最小值问题、条件极值与拉格朗日乘数法. 通过本章的学习要达到:(1) 理解偏导数与全微分的概念及其计算方法;(2) 熟练掌握多元函数的求导法则,会利用多元函数的极值解决简单的几何、物理和经济问题.

问题背景

在上册中,我们讨论的函数都只有一个自变量,这种函数称为一元函数. 但在许多实际问题中,我们往往要考虑多个变量之间的关系,反映到数学上,就是要考虑一个因变量和多个自变量的相互关系. 由此引入了多元函数以及多元函数微分学问题. 本章将在一元函数微分学的基础上,讨论多元函数微分学及其应用. 讨论中以二元函数作为主要对象,二元以上的多元函数可以以此类推.

第一节　多元函数的基本概念

一、平面区域的概念

与数轴上的邻域类似,我们引入平面上点的邻域的概念.

定义 1　设 $P(x_0,y_0)$ 是 xOy 平面上的一点,δ 是一正数,称点集

$$\{(x,y)\mid\sqrt{(x-x_0)^2+(y-y_0)^2}<\delta\}$$

为点 P 的 δ **邻域**,记作 $U_\delta(P)$. 点集 $U_\delta(P)-\{P\}$ 称为点 P 的**去心** δ **邻域**,记作 $\mathring{U}_\delta(P)$.

如果不需要强调邻域的半径 δ,则用 $U(P)$ 表示点 P 的某个邻域,点 P 的某个去心邻域记作 $\mathring{U}(P)$.

根据这一定义，点 P 的 δ 邻域实际上是以 P 为圆心，δ 为半径的圆的内部.

设 E 是平面上的一个点集，P 是平面上的一个点，则点 P 与点集 E 之间存在下列三种关系：

(1) 如果存在点 P 的某个邻域 $U(P)$，使得 $U(P)\subset E$，则称 P 是 E 的**内点**(见图 7-1 中点 P_1).

(2) 如果存在点 P 的某个邻域 $U(P)$，使得 $U(P)\cap E=\varnothing$，则称 P 是 E 的**外点**(见图 7-1 中点 P_2).

(3) 如果点 P 的任意邻域内既有属于 E 的点也有不属于 E 的点，则称 P 是 E 的**边界点**(见图 7-1 中点 P_3).

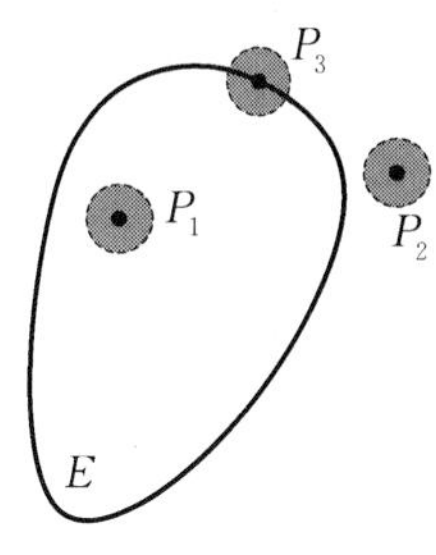

图 7-1

点集 E 的边界点的全体称为 E 的**边界**. 如果 E 内任意一点均为 E 的内点，则称 E 为**开集**.

如果点集 E 内的任意两点都可以用折线联结起来，且该折线上的点都属于 E，则称点集 E 是**连通的**.

连通的开集称为**开区域**或**区域**. 开区域连同它的边界一起所构成的点集称为**闭区域**.

二、多元函数的概念

1. 多元函数的定义

定义 2 设 D 为一个非空的 n 元有序数组 $(x_1,x_2,\cdots,x_n)$ 的集合，f 为一对应法则. 若对于每一个有序数组 $(x_1,x_2,\cdots,x_n)\in D$，通过对应法则 f 都有唯一确定的实数 y 与之对应，则称 f 为定义在 D 上的 n **元函数**，记作

$$y=f(x_1,x_2,\cdots,x_n),\quad (x_1,x_2,\cdots,x_n)\in D,$$

其中 $x_1,x_2,\cdots,x_n$ 称为**自变量**，y 称为**因变量**，D 称为函数的**定义域**，记作 $D(f)$.

对于 $(x_1^0,x_2^0,\cdots,x_n^0)\in D$ 所对应的 y 值，记作

$$y_0=f(x_1^0,x_2^0,\cdots,x_n^0),$$

称 y_0 为当 $(x_1,x_2,\cdots,x_n)=(x_1^0,x_2^0,\cdots,x_n^0)$ 时函数 $y=f(x_1,x_2,\cdots,x_n)$ 的**函数值**. 全体函数值的集合

$$\{y\,|\,y=f(x_1,x_2,\cdots,x_n),(x_1,x_2,\cdots,x_n)\in D\}$$

称为函数的**值域**，记作 Z 或 $Z(f)$.

显然，当 $n=1$ 时为一元函数，记作 $y=f(x),x\in D$；当 $n=2$ 时为二元函数，记作 $z=f(x,y),(x,y)\in D$.

二元及二元以上的函数统称为**多元函数**.

例 1 直圆柱的侧面积 S、底面半径 R 和高 H 之间有关系式

$$S=2\pi RH\quad (R>0,H>0),$$

其中 R 和 H 是两个独立的自变量，当它们分别取得一定的值时，S 对应的值也随之确定. 因此，S 是自变量 R 和 H 的函数，它是一个二元函数.

例 2 长方体的体积 V 由它的长 x、宽 y 和高 z 确定，即有

$$V=xyz\quad (x>0,y>0,z>0).$$

这里 V 是自变量 x,y 和 z 的函数,它是一个三元函数.

例 3 函数 $z=2x+5y$ 的定义域是整个 xOy 平面,其值域是$(-\infty,+\infty)$.

例 4 求函数 $z=\ln xy$ 的定义域.

解 该函数的自变量所能取的值必须满足 $xy>0$,所以它的定义域为

$$\{(x,y)\mid xy>0\}.$$

这是 xOy 平面的第一、第三两个象限(不包括坐标轴).

例 5 求函数 $z=\dfrac{1}{\sqrt{1-x^2-y^2}}$ 的定义域.

解 该函数的自变量所能取的值必须满足 $1-x^2-y^2>0$,所以它的定义域为

$$\{(x,y)\mid x^2+y^2<1\}.$$

这是不包括边界的单位圆域,即圆 $x^2+y^2=1$ 内部的全体点.

注 (1) 求二元函数的定义域时,如果它的形式为自变量的有理函数,那么分母不能为零;如果函数的形式为自变量的对数函数,那么真数必须大于零.

(2) 如果二元函数可写成一些函数的代数和或乘积的形式,那么其定义域就是这些函数定义域的公共部分.

(3) 求复合函数的定义域时,要弄清楚复合关系,而且每复合一步,取值范围都应符合要求.

2. 多元函数的几何意义

一元函数 $y=f(x),x\in D$ 通常表示 xOy 平面上的一条曲线. 二元函数 $z=f(x,y)$,$(x,y)\in D$ 可看作空间直角坐标系中的一个点集

$$\{(x,y,z)\mid z=f(x,y),(x,y)\in D\},$$

这个点集所描绘出的图形称为二元函数 $z=f(x,y)$ 的图形. 通常,二元函数的图形是空间中的一张曲面.

例如,函数 $z=\sqrt{1-x^2-y^2}$ 表示以原点为中心,1 为半径的上半球面(见图 7-2).

又如,函数 $z=\sqrt{x^2+y^2}$ 表示顶点在原点的圆锥面(见图 7-3).

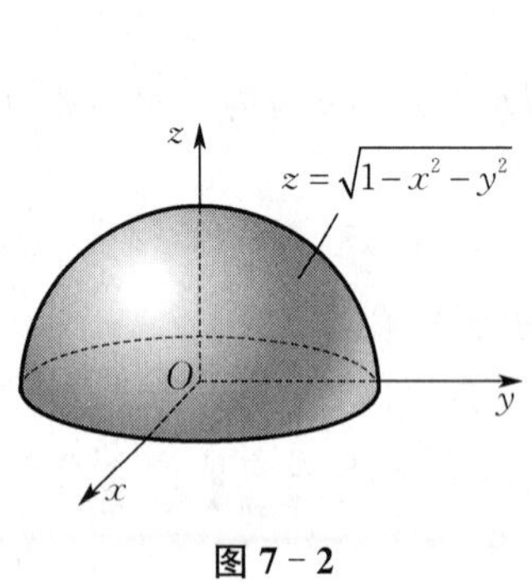

图 7-2

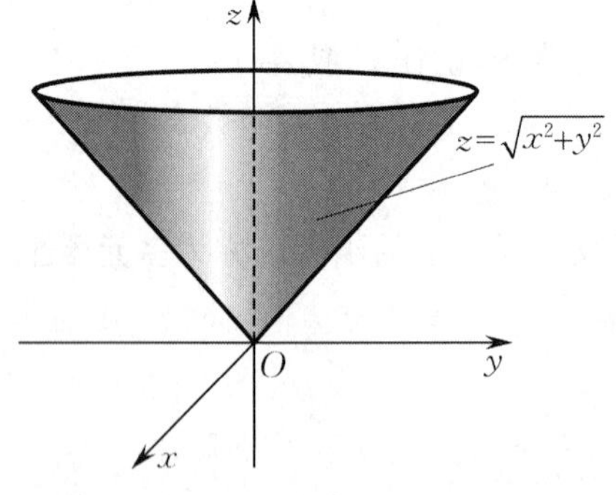

图 7-3

小结

本节学习需注意以下几点：(1) E 的内点必属于 E，而 E 的边界点可能属于 E，也可能不属于 E；(2) 若用某个公式表示函数(不考虑实际意义)，则其定义域为使函数表达式有意义的自变量的变化范围.

应用导学

对于二元函数，它在空间解析几何中对应曲面的形状，以及以曲面为顶的曲顶柱体的体积，这些与第八章要讨论的二重积分及二重积分的应用有着密切的联系.

习题 7-1

1. 求下列函数的定义域：

(1) $z=\sqrt{x}+y$；　　(2) $z=\sqrt{4-x^2-y^2}$；

(3) $z=\ln(y^2-2x+1)$；　　(4) $z=\dfrac{1}{\sqrt{x+y}}+\dfrac{1}{\sqrt{x-y}}$；

(5) $z=\arcsin\dfrac{y}{x}$.

2. 设函数 $f(x,y)=\dfrac{2xy}{x^2+y^2}$，求 $f\left(1,\dfrac{y}{x}\right)$.

第二节　多元函数的极限与连续

一、多元函数的极限的定义

先讨论二元函数的极限. 与一元函数的极限概念类似，二元函数的极限也是反映函数值随着自变量的变化而变化的趋势.

定义 1　设二元函数 $z=f(x,y)$ 在点 $P_0(x_0,y_0)$ 的某个去心邻域内有定义，A 是一个常数. 如果在点 $P(x,y)$ 无限趋于点 $P_0(x_0,y_0)$ 的过程中，对应的函数值 $f(x,y)$ 无限接近于常数 A，则称当$(x,y)\to(x_0,y_0)$ 时，函数 $f(x,y)$ 以 A 为**极限**，记作

$$\lim_{(x,y)\to(x_0,y_0)} f(x,y)=A \quad 或 \quad \lim_{\substack{x\to x_0\\ y\to y_0}} f(x,y)=A.$$

为了区别于一元函数的极限，我们称二元函数的极限为**二重极限**.

对于一元函数，我们定义了单侧极限，并且指出一元函数在某点处极限存在的充要条件是在该点处的左右极限存在并且相等. 但是，在平面上一动点趋于一定点时，可以有无穷多种方式. 于是，上述极限定义中$(x,y)\to(x_0,y_0)$ 时，是指点(x,y) 以任何方式趋于点(x_0,y_0)，

都有 $f(x,y)$ 无限接近于 A. 这样,如果当点 (x,y) 以不同的方式趋于点 (x_0,y_0) 时, $f(x,y)$ 有不同的极限或极限不存在,那么 $\lim\limits_{(x,y)\to(x_0,y_0)} f(x,y)$ 不存在. 因此,二元函数的极限问题要比一元函数的极限问题复杂得多.

(1) 若当点 (x,y) 以两种不同方式趋于点 (x_0,y_0) 时, $f(x,y)$ 的极限不同或极限不存在,则可判定 $\lim\limits_{(x,y)\to(x_0,y_0)} f(x,y)$ 不存在.

(2) 若当点 (x,y) 以若干种不同方式趋于点 (x_0,y_0) 时, $f(x,y)$ 趋于同一个数,这时也不能判定 $\lim\limits_{(x,y)\to(x_0,y_0)} f(x,y)$ 存在.

以上关于二元函数的极限概念,可相应地推广到二元以上的多元函数.

例 1 当 $(x,y)\to(0,0)$ 时,讨论函数

$$f(x,y)=\frac{xy}{x^2+y^2}$$

的极限是否存在.

解 当点 (x,y) 沿着直线 $x=0$ 趋于点 $(0,0)$ 时,有

$$\lim_{y\to 0} f(0,y)=0.$$

当点 (x,y) 沿着直线 $y=0$ 趋于点 $(0,0)$ 时,有

$$\lim_{x\to 0} f(x,0)=0.$$

但当点 (x,y) 沿着直线 $y=kx$ 趋于点 $(0,0)$ 时,则有

$$\lim_{(x,kx)\to(0,0)} f(x,kx)=\frac{k}{1+k^2}.$$

由此可知,当点 (x,y) 沿过点 $(0,0)$ 的直线 $y=kx$ 趋于点 $(0,0)$ 时, $f(x,y)$ 无限接近于 $\frac{k}{1+k^2}$, 而 $\frac{k}{1+k^2}$ 这一数值随着直线 $y=kx$ 的斜率 k 改变而改变,于是所讨论的极限不存在.

例 2 讨论极限 $\lim\limits_{(x,y)\to(0,0)} \frac{x^2y}{x^4+y^2}$ 是否存在.

解 一方面,当 $y=kx(x\neq 0)$ 时,有

$$\frac{x^2y}{x^4+y^2}=\frac{kx^3}{x^4+k^2x^2}=\frac{kx}{x^2+k^2}.$$

因此,当点 (x,y) 沿过点 $(0,0)$ 的直线 $y=kx$ 趋于点 $(0,0)$ 时, $f(x,y)$ 无限接近于同一极限 0. 不但如此,当点 (x,y) 沿 y 轴 $(x=0)$ 趋于点 $(0,0)$ 时, $f(x,y)$ 也无限接近于 0. 于是,当点 (x,y) 沿过点 $(0,0)$ 的任意直线趋于点 $(0,0)$ 时, $f(x,y)$ 都无限接近于 0.

另一方面,当 $y=x^2(x\neq 0)$ 时,有

$$\frac{x^2y}{x^4+y^2}=\frac{x^4}{x^4+x^4}=\frac{1}{2}.$$

因此,当点 (x,y) 沿抛物线 $y=x^2(x\neq 0)$ 趋于点 $(0,0)$ 时, $f(x,y)$ 都无限接近于 $\frac{1}{2}$.

由此可见,所讨论的极限不存在.

尽管二元函数的极限的求法与一元函数的极限的求法有很大的不同,但一元函数求极限的一些法则及极限的性质,可以推广到多元函数上来.

例 3 求 $\lim\limits_{(x,y)\to(0,0)} xy\cos\frac{1}{x^2+y^2}$.

解　由于 $\cos\dfrac{1}{x^2+y^2}$ 在点(0,0)的某个去心邻域内有界，且 $\lim\limits_{(x,y)\to(0,0)} xy=0$，因此

$$\lim_{(x,y)\to(0,0)} xy\cos\frac{1}{x^2+y^2}=0.$$

例 4　求 $\lim\limits_{(x,y)\to(0,0)}\dfrac{2-\sqrt{xy+4}}{xy}$.

解　$\lim\limits_{(x,y)\to(0,0)}\dfrac{2-\sqrt{xy+4}}{xy}=\lim\limits_{(x,y)\to(0,0)}\dfrac{-1}{2+\sqrt{xy+4}}=-\dfrac{1}{4}$.

二、多元函数的连续性

与一元函数情形类似，二元函数的连续性可用下列定义描述.

定义 2　设二元函数 $z=f(x,y)$ 在点 (x_0,y_0) 的某个邻域内有定义. 如果

$$\lim_{(x,y)\to(x_0,y_0)} f(x,y)=f(x_0,y_0),$$

则称函数 $z=f(x,y)$ 在点 (x_0,y_0) 处**连续**，否则称 (x_0,y_0) 是函数 $f(x,y)$ 的**间断点**.

以上关于二元函数的连续性概念，可相应地推广到二元以上的多元函数.

注　函数 $z=f(x,y)$ 在点 (x_0,y_0) 处连续必须同时满足以下三点：

(1) $z=f(x,y)$ 在点 (x_0,y_0) 的某个邻域内有定义；

(2) 极限 $\lim\limits_{(x,y)\to(x_0,y_0)} f(x,y)$ 存在；

(3) $\lim\limits_{(x,y)\to(x_0,y_0)} f(x,y)=f(x_0,y_0)$.

例 5　讨论函数

$$f(x,y)=\begin{cases}\dfrac{xy}{x^2+y^2}, & (x,y)\neq(0,0),\\ 0, & (x,y)=(0,0)\end{cases}$$

在点(0,0)处的连续性.

解　由例 1 的讨论可知，$\lim\limits_{(x,y)\to(0,0)}\dfrac{xy}{x^2+y^2}$ 不存在，可见(0,0)是 $f(x,y)$ 的间断点.

例 6　讨论函数

$$f(x,y)=\begin{cases}\dfrac{x^2y}{x^2+y^2}, & (x,y)\neq(0,0),\\ 0, & (x,y)=(0,0)\end{cases}$$

在其定义域上的连续性.

解　当 $(x,y)\to(0,0)$ 时，由

$$\left|\frac{x^2y}{x^2+y^2}\right|\leqslant|y| \quad 与 \quad \lim_{(x,y)\to(0,0)}|y|=0=f(0,0),$$

可得

$$\lim_{(x,y)\to(0,0)} f(x,y)=0=f(0,0),$$

从而 $f(x,y)$ 在点(0,0)处连续.

当 $(x,y)\neq(0,0)$ 时，易知

$$\lim_{(x,y)\to(x_0,y_0)} f(x,y) = \lim_{(x,y)\to(x_0,y_0)} \frac{x^2 y}{x^2+y^2} = f(x_0,y_0),$$

从而 $f(x,y)$ 在点 $(x,y)((x,y)\neq(0,0))$ 处连续.

因此,函数 $f(x,y)$ 在其定义域(整个 xOy 平面)上连续.

对于二元函数,间断点可能形成一条或若干条曲线.例如:

(1) 函数 $z=f(x,y)=\dfrac{1}{x^2-y^2}$ 在直线 $x-y=0,x+y=0$ 上没有定义,所以这两条直线上的点都是该函数的间断点;

(2) 函数 $z=\dfrac{x^2+y^2}{x^2-y}$ 在抛物线 $y=x^2$ 上没有定义,所以这条抛物线上的点都是该函数的间断点.

如果二元函数 $z=f(x,y)$ 在区域 D 上每一点处都连续,则称该函数在区域 D 上连续.在区域 D 上连续的二元函数的图形是区域 D 上的一个连续曲面.

与一元函数类似,多元连续函数经过有限次的四则运算和复合运算之后仍为多元连续函数.由基本初等函数经过有限次的四则运算和复合运算所构成的能用一个式子表示的多元函数称为**多元初等函数**.一切多元初等函数在其定义区域内是连续的.利用这个结论,当要求某个多元初等函数在其定义区域内某一点处的极限时,只需要计算出函数在该点处的函数值即可.

例 7 求 $\lim\limits_{(x,y)\to(0,1)}\left[\ln(y-x)+\dfrac{y}{\sqrt{1-x^2}}\right]$.

解 $\lim\limits_{(x,y)\to(0,1)}\left[\ln(y-x)+\dfrac{y}{\sqrt{1-x^2}}\right]=\ln(1-0)+\dfrac{1}{\sqrt{1-0^2}}=1.$

特别地,在有界闭区域 D 上连续的多元函数也有类似于一元连续函数在闭区间上所满足的定理.下面我们不加证明地给出这些定理.

定理 1(有界性定理) **在有界闭区域 D 上连续的多元函数一定有界.**

定理 2(最大值和最小值定理) **在有界闭区域 D 上连续的多元函数,在 D 上至少取得它的最大值和最小值各一次.**

定理 3(介值定理) **在有界闭区域 D 上连续的多元函数必取得介于最大值和最小值之间的任何值.**

小结

本节学习需注意以下几点:(1) 二元函数极限的存在性;(2) 二元函数极限的计算;(3) 二元函数的连续性.

应用导学

对于二元函数主要研究极限和连续.二元函数的极限与连续性和二元函数的偏导数、全微分之间的关系,这个问题在后面章节会进行讨论.

习题 7－2

1. 求下列极限：

(1) $\lim\limits_{(x,y)\to(0,1)}\dfrac{xy}{\sqrt{x^2+y^2}}$；

(2) $\lim\limits_{(x,y)\to(1,0)}\dfrac{\ln(x+e^y)}{\sqrt{x^2+y^2}}$；

(3) $\lim\limits_{(x,y)\to(0,0)}\dfrac{xy}{\sqrt{xy+1}-1}$；

(4) $\lim\limits_{(x,y)\to(2,0)}\dfrac{\sin xy}{y}$；

(5) $\lim\limits_{(x,y)\to(+\infty,+\infty)}(x^2+y^2)e^{-x^2-y^2}$.

2. 求下列函数的间断点：

(1) $z=\dfrac{y^2+2x}{y^2-2x}$；

(2) $z=\dfrac{1}{x-y}$；

(3) $z=xy\ln\left(\dfrac{1}{x^2+y^2}\right)$.

3. 证明下列极限不存在：

(1) $\lim\limits_{(x,y)\to(0,0)}\dfrac{x+y}{x-y}$；

(2) $\lim\limits_{(x,y)\to(0,0)}\dfrac{\sqrt{xy+1}-1}{x+y}$.

4. 讨论函数

$$f(x,y)=\begin{cases}\dfrac{\sin(x^2+y^2)}{2(x^2+y^2)}, & x^2+y^2\neq 0,\\ \dfrac{1}{2}, & x^2+y^2=0\end{cases}$$

的连续性.

第三节　偏　导　数

一、偏导数的定义及计算方法

在一元函数微分学中，我们研究了一元函数 $f(x)$ 的导数，即函数 $f(x)$ 的变化率问题. 对于多元函数的情形，同样可以研究它的变化率问题，本节主要介绍二元函数的变化率问题.

定义 1　设二元函数 $z=f(x,y)$ 在点 (x_0,y_0) 的某个邻域内有定义，则称

$$\Delta z=f(x_0+\Delta x,y_0+\Delta y)-f(x_0,y_0)$$

为函数 $z=f(x,y)$ 在点 (x_0,y_0) 处的**全增量**. 而

$$\Delta z_x=f(x_0+\Delta x,y_0)-f(x_0,y_0)$$

称为函数 $z=f(x,y)$ 在点 (x_0,y_0) 处**对 x 的偏增量**，

$$\Delta z_y=f(x_0,y_0+\Delta y)-f(x_0,y_0)$$

称为函数 $z=f(x,y)$ 在点 (x_0,y_0) 处**对 y 的偏增量**，其中 Δx 和 Δy 是自变量的增量.

定义 2 设二元函数 $z=f(x,y)$ 在区域 D 内有定义,点 $P_0(x_0,y_0)\in D$. 如果当 $\Delta x\to 0$ 时,极限

$$\lim_{\Delta x\to 0}\frac{\Delta z_x}{\Delta x}=\lim_{\Delta x\to 0}\frac{f(x_0+\Delta x,y_0)-f(x_0,y_0)}{\Delta x}$$

存在,则称此极限值为函数 $z=f(x,y)$ 在点 (x_0,y_0) 处**对 x 的偏导数**,记作

$$f'_x(x_0,y_0),\quad \left.\frac{\partial f}{\partial x}\right|_{\substack{x=x_0\\y=y_0}},\quad \left.\frac{\partial z}{\partial x}\right|_{\substack{x=x_0\\y=y_0}},\quad \left.z'_x\right|_{\substack{x=x_0\\y=y_0}}.$$

同样,如果极限

$$\lim_{\Delta y\to 0}\frac{\Delta z_y}{\Delta y}=\lim_{\Delta y\to 0}\frac{f(x_0,y_0+\Delta y)-f(x_0,y_0)}{\Delta y}$$

存在,则称此极限值为函数 $z=f(x,y)$ 在点 (x_0,y_0) 处**对 y 的偏导数**,记作

$$f'_y(x_0,y_0),\quad \left.\frac{\partial f}{\partial y}\right|_{\substack{x=x_0\\y=y_0}},\quad \left.\frac{\partial z}{\partial y}\right|_{\substack{x=x_0\\y=y_0}},\quad \left.z'_y\right|_{\substack{x=x_0\\y=y_0}}.$$

如果函数 $z=f(x,y)$ 在区域 D 内每一点 (x,y) 处对 x(或 y) 的偏导数都存在,则称函数 $z=f(x,y)$ 在 D 内有对 x(或 y) 的**偏导函数**,简称**偏导数**,记作

$$f'_x(x,y),\quad \frac{\partial f(x,y)}{\partial x},\quad \frac{\partial z}{\partial x},\quad z'_x$$

$$\left(\text{或 } f'_y(x,y),\quad \frac{\partial f(x,y)}{\partial y},\quad \frac{\partial z}{\partial y},\quad z'_y\right).$$

对于三元及三元以上函数可以类似地定义偏导数.

一般地,n 元函数 $u=f(x_1,x_2,\cdots,x_n)$ 在点 $Q(x_1,x_2,\cdots,x_n)$ 处对 $x_i(i=1,2,\cdots,n)$ 的偏导数 $\frac{\partial f}{\partial x_i}$(或 f'_{x_i}) 定义为

$$\frac{\partial f}{\partial x_i}=\lim_{\Delta x_i\to 0}\frac{f(x_1,\cdots,x_i+\Delta x_i,\cdots,x_n)-f(x_1,\cdots,x_i,\cdots,x_n)}{\Delta x_i}\quad (i=1,2,\cdots,n).$$

由偏导数的定义不难看出,多元函数对某个自变量的偏导数,就是把其他自变量视为常数,考察函数对这个自变量变化的变化率,即求偏导数的实质,就是求一元函数的导数.

因此,对于一元函数求导数的一般法则和公式,也适用于多元函数求偏导数.

例 1 求函数

$$f(x,y)=x^2+3xy+y^2$$

在点 $(1,2)$ 处的偏导数.

解 把 y 看作常数,对 x 求导数得

$$f'_x(x,y)=2x+3y,\quad f'_x(1,2)=2\times 1+3\times 2=8.$$

把 x 看作常数,对 y 求导数得

$$f'_y(x,y)=3x+2y,\quad f'_y(1,2)=3\times 1+2\times 2=7.$$

例 2 求函数

$$f(x,y)=x^y\quad (x>0)$$

的偏导数.

解 $f'_x(x,y)=yx^{y-1},\quad f'_y(x,y)=x^y\ln x.$

例 3 求函数 $r=\sqrt{x^2+y^2+z^2}$ 的偏导数.

解 $\frac{\partial r}{\partial x}=\frac{x}{\sqrt{x^2+y^2+z^2}}=\frac{x}{r}.$

利用函数关于自变量的对称性，得

$$\frac{\partial r}{\partial y}=\frac{y}{r},\quad \frac{\partial r}{\partial z}=\frac{z}{r}.$$

关于多元函数的偏导数，现补充以下几点说明：

(1) 一元函数的导数$\frac{\mathrm{d}y}{\mathrm{d}x}$可以看作函数的微分 $\mathrm{d}y$ 和自变量的微分 $\mathrm{d}x$ 的商，但多元函数的偏导数符号$\frac{\partial z}{\partial x}\left(\text{或}\frac{\partial z}{\partial y}\right)$是一个整体.

(2) 与一元函数类似，对分段函数在分段点处的偏导数要用偏导数的定义来求.

(3) 若一元函数在某点处导数存在，则它在该点处必定连续. 但是对于多元函数，即使它的各个偏导数均存在，也不能保证它在该点处连续.

例如二元函数

$$f(x,y)=\begin{cases}\frac{xy}{x^2+y^2}, & (x,y)\neq(0,0),\\ 0, & (x,y)=(0,0),\end{cases}$$

它的偏导数为

$$f'_x(0,0)=\lim_{\Delta x\to 0}\frac{f(\Delta x,0)-f(0,0)}{\Delta x}=\lim_{\Delta x\to 0}\frac{0-0}{\Delta x}=0,$$

$$f'_y(0,0)=\lim_{\Delta y\to 0}\frac{f(0,\Delta y)-f(0,0)}{\Delta y}=\lim_{\Delta y\to 0}\frac{0-0}{\Delta y}=0.$$

可见，该函数在点(0,0)处的偏导数存在. 但是由上一节例 5 可知，该函数在点(0,0)处不连续.

二、偏导数的几何意义

二元函数 $z=f(x,y)$ 在点 (x_0,y_0) 处的偏导数有下述几何意义：设 $M_0(x_0,y_0,f(x_0,y_0))$ 为曲面 $z=f(x,y)$ 上的一点，过点 M_0 作平面 $y=y_0$ 与曲面交成一曲线 $z=f(x,y_0)$，则偏导数 $f'_x(x_0,y_0)$ 就是曲线 $z=f(x,y_0)$ 在点 M_0 处的切线 M_0T_x 对 x 轴的斜率. 同样，偏导数 $f'_y(x_0,y_0)$ 的几何意义是曲面 $z=f(x,y)$ 被平面 $x=x_0$ 所截得的曲线 $z=f(x_0,y)$ 在点 M_0 处的切线 M_0T_y 对 y 轴的斜率，如图 7-4 所示.

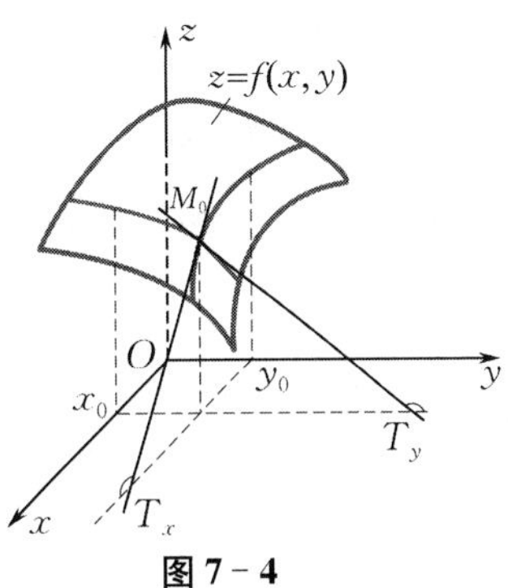

图 7-4

三、偏导数的经济意义

需求对价格的偏导数就是指当相关商品的价格变化时，市场需求反应的灵敏程度.

设 A，B 是两种有关联的商品，价格分别为 P_1,P_2，需求量分别为 Q_1,Q_2，则需求是价格的函数：

$$Q_1=Q_1(P_1,P_2),\quad Q_2=Q_2(P_1,P_2).$$

定义 3 称

$$\frac{EQ_1}{EP_1}=\frac{P_1}{Q_1}\cdot\frac{\partial Q_1}{\partial P_1}$$

为商品 A 的**需求对自身的价格弹性**;称

$$\frac{EQ_2}{EP_2}=\frac{P_2}{Q_2}\cdot\frac{\partial Q_2}{\partial P_2}$$

为商品 B 的**需求对自身的价格弹性**.

商品的需求对自身的价格弹性有时简称**自价格弹性**.

自价格弹性$\frac{EQ_1}{EP_1}$表示商品 A,B 的价格在某种水平 P_1,P_2 的基础上,当 B 的价格 P_2 保持不变,而 A 的价格 P_1 上涨 1% 时,A 的需求量 Q_1 变化(增加或减少)$\frac{EQ_1}{EP_1}$%. 它反映了在 B 的价格 P_2 保持不变而 A 的价格 P_1 变化时,A 的需求量 Q_1 变化的灵敏度.

$\frac{EQ_2}{EP_2}$的经济意义类似可得.

定义 4 称

$$\frac{EQ_1}{EP_2}=\frac{P_2}{Q_1}\cdot\frac{\partial Q_1}{\partial P_2}$$

为商品 A 的需求对商品 B 的**交叉价格弹性**;称

$$\frac{EQ_2}{EP_1}=\frac{P_1}{Q_2}\cdot\frac{\partial Q_2}{\partial P_1}$$

为商品 B 的需求对商品 A 的**交叉价格弹性**.

交叉价格弹性$\frac{EQ_1}{EP_2}$表示商品 A,B 的价格在某种水平 P_1,P_2 的基础上,当 A 的价格 P_1 保持不变,B 的价格 P_2 上涨 1% 时,A 的需求量 Q_1 变化(增加或减少)$\frac{EQ_1}{EP_2}$%. 它反映了在 A 的价格 P_1 保持不变而 B 的价格 P_2 变化时,A 的需求量 Q_1 变化的灵敏度.

$\frac{EQ_2}{EP_1}$的经济意义类似可得.

交叉价格弹性$\frac{EQ_1}{EP_2}>0\left(\text{或}\frac{EQ_2}{EP_1}>0\right)$时,表明这两种商品的使用价值可以相互替代,它们是互代品(如肥皂与洗衣粉).

交叉价格弹性$\frac{EQ_1}{EP_2}<0\left(\text{或}\frac{EQ_2}{EP_1}<0\right)$时,表明这两种商品的使用价值可以相互补充,它们是互补品(如钢笔与墨水).

例 4 已知商品 1 的需求函数为 $Q_1=1\,000P_1^{-\frac{1}{2}}P_2^{\frac{1}{5}}$,其中 P_1,P_2 分别为商品 1 和商品 2 的价格. 求 $P_1=4$,$P_2=32$ 时商品 1 需求的自价格弹性与交叉价格弹性,并说明这两种商品是互代品还是互补品.

解 因为

$$\frac{\partial Q_1}{\partial P_1}=-500P_1^{-\frac{3}{2}}P_2^{\frac{1}{5}},\quad \frac{\partial Q_1}{\partial P_2}=200P_1^{-\frac{1}{2}}P_2^{-\frac{4}{5}},$$

所以

$$\frac{EQ_1}{EP_1}=\frac{P_1}{Q_1}\cdot\frac{\partial Q_1}{\partial P_1}=\frac{P_1}{1\,000P_1^{-\frac{1}{2}}P_2^{\frac{1}{5}}}\cdot(-500P_1^{-\frac{3}{2}}P_2^{\frac{1}{5}})=-\frac{1}{2},$$

$$\frac{EQ_1}{EP_2}=\frac{P_2}{Q_1}\cdot\frac{\partial Q_1}{\partial P_2}=\frac{P_2}{1\,000P_1^{-\frac{1}{2}}P_2^{\frac{1}{5}}}\cdot(200P_1^{-\frac{1}{2}}P_2^{-\frac{4}{5}})=\frac{1}{5}.$$

因此，当 $P_1=4,P_2=32$ 时商品 1 需求的自价格弹性为

$$\frac{EQ_1}{EP_1}=-\frac{1}{2},$$

交叉价格弹性为

$$\frac{EQ_1}{EP_2}=\frac{1}{5}.$$

因为$\frac{EQ_1}{EP_2}=\frac{1}{5}>0$，所以这两种商品是互代品.

例 5　设商品 A，B 是可以相互替代的，P_1,P_2 分别是它们的价格，Y 为收入. 已知商品 A 的需求函数为

$$Q=a-bP_1+cP_2+dY,$$

其中 a,b,c,d 均为正常数，求商品 A 需求的自价格弹性、交叉价格弹性以及收入弹性，并说明其经济意义.

解　需求的自价格弹性为

$$\frac{EQ}{EP_1}=\frac{P_1}{Q}\cdot\frac{\partial Q}{\partial P_1}=-\frac{bP_1}{a-bP_1+cP_2+dY}.$$

经济意义：商品 B 的价格 P_2 和收入 Y 保持不变，商品 A 的价格在 P_1 的基础上上涨 1% 时，A 的需求量 Q 将减少$\frac{bP_1}{a-bP_1+cP_2+dY}\%$.

需求的交叉价格弹性为

$$\frac{EQ}{EP_2}=\frac{P_2}{Q}\cdot\frac{\partial Q}{\partial P_2}=\frac{cP_2}{a-bP_1+cP_2+dY}.$$

经济意义：商品 A 的价格 P_1 和收入 Y 保持不变，商品 B 的价格在 P_2 的基础上上涨 1% 时，A 的需求量 Q 将增加$\frac{cP_2}{a-bP_1+cP_2+dY}\%$.

需求的收入弹性为

$$\frac{EQ}{EY}=\frac{Y}{Q}\cdot\frac{\partial Q}{\partial Y}=\frac{dY}{a-bP_1+cP_2+dY}.$$

经济意义：商品 A，B 的价格 P_1,P_2 保持不变，收入在 Y 的基础上上涨 1% 时，A 的需求量 Q 将增加$\frac{dY}{a-bP_1+cP_2+dY}\%$.

四、高阶偏导数

设函数 $z=f(x,y)$ 在区域 D 内具有偏导数

$$\frac{\partial z}{\partial x}=f'_x(x,y),\quad\frac{\partial z}{\partial y}=f'_y(x,y),$$

那么在 D 内 $f'_x(x,y)$，$f'_y(x,y)$ 仍然是 x，y 的函数.如果它们的偏导数也存在，则称它们的偏导数是函数 $z=f(x,y)$ 的**二阶偏导数**.按照对变量求导次序的不同有下列四个二阶偏导数：

$$\frac{\partial^2 z}{\partial x^2}=\frac{\partial}{\partial x}\left(\frac{\partial z}{\partial x}\right),\quad \frac{\partial^2 z}{\partial x\partial y}=\frac{\partial}{\partial y}\left(\frac{\partial z}{\partial x}\right),$$

$$\frac{\partial^2 z}{\partial y\partial x}=\frac{\partial}{\partial x}\left(\frac{\partial z}{\partial y}\right),\quad \frac{\partial^2 z}{\partial y^2}=\frac{\partial}{\partial y}\left(\frac{\partial z}{\partial y}\right),$$

并分别记作

$$z''_{xx},\quad z''_{xy},\quad z''_{yx},\quad z''_{yy}\quad 或\quad f''_{xx},\quad f''_{xy},\quad f''_{yx},\quad f''_{yy},$$

其中 z''_{xy}，z''_{yx} 或 f''_{xy}，f''_{yx} 称为**二阶混合偏导数**.

类似地，可以定义三阶及三阶以上的高阶偏导数.例如，

$$\frac{\partial}{\partial y}\left(\frac{\partial^2 z}{\partial x^2}\right)=\frac{\partial^3 z}{\partial x^2\partial y},\quad \frac{\partial}{\partial x}\left(\frac{\partial^2 z}{\partial x^2}\right)=\frac{\partial^3 z}{\partial x^3},\quad \frac{\partial}{\partial x}\left(\frac{\partial^2 z}{\partial x\partial y}\right)=\frac{\partial^3 z}{\partial x\partial y\partial x},\quad \cdots.$$

例 6 设函数

$$z=4x^3+3x^2y-3xy^2-x+y,$$

求 $\frac{\partial^2 z}{\partial x^2}$，$\frac{\partial^2 z}{\partial y^2}$，$\frac{\partial^2 z}{\partial x\partial y}$，$\frac{\partial^2 z}{\partial y\partial x}$.

解 先求一阶偏导数：

$$\frac{\partial z}{\partial x}=12x^2+6xy-3y^2-1,\quad \frac{\partial z}{\partial y}=3x^2-6xy+1.$$

再求二阶偏导数：

$$\frac{\partial^2 z}{\partial x^2}=24x+6y,\quad \frac{\partial^2 z}{\partial y^2}=-6x,\quad \frac{\partial^2 z}{\partial x\partial y}=6x-6y,\quad \frac{\partial^2 z}{\partial y\partial x}=6x-6y.$$

例 7 设函数 $z=y\ln x$，求 $\frac{\partial^2 z}{\partial x^2}$，$\frac{\partial^2 z}{\partial y^2}$，$\frac{\partial^2 z}{\partial x\partial y}$，$\frac{\partial^2 z}{\partial y\partial x}$.

解 先求一阶偏导数：

$$\frac{\partial z}{\partial x}=\frac{y}{x},\quad \frac{\partial z}{\partial y}=\ln x.$$

再求二阶偏导数：

$$\frac{\partial^2 z}{\partial x^2}=-\frac{y}{x^2},\quad \frac{\partial^2 z}{\partial y^2}=0,\quad \frac{\partial^2 z}{\partial x\partial y}=\frac{1}{x},\quad \frac{\partial^2 z}{\partial y\partial x}=\frac{1}{x}.$$

从上述两例可以看到，两个二阶混合偏导数相等，这并不是偶然现象，实际上我们可以通过证明得到下述定理.

定理 1 **若二阶混合偏导数 f''_{xy}，f''_{yx} 在点 (x,y) 处连续，则 $f''_{xy}=f''_{yx}$.**

证明从略.这个定理对 n 元函数的高阶混合偏导数也成立.

小结

本节学习需注意以下几点：(1) 偏导数本质上是一元函数的导数；(2) 多元函数的偏导数存在并不能保证函数连续；(3) 偏导数及高阶偏导数的计算.

应用导学

对于偏导数，除掌握偏导数的计算方法外，还需要掌握偏导数的经济意义. 自价格弹性用于度量商品对自身价格变化所引起的需求反应. 交叉价格弹性用于度量商品对与之相关的商品的价格变化所引起的需求反应.

习题 7－3

1. 求下列函数的偏导数：

(1) $z=x^2-2xy+y^3$；　　(2) $z=x^{\sin y}$；

(3) $z=2x\sin 2y$；　　(4) $z=\sin xy+\cos^2 xy$；

(5) $z=\sqrt{\ln xy}$；　　(6) $u=x^{\frac{y}{z}}$.

2. 求下列函数的二阶偏导数：

(1) $z=x^3+2x^2y-5xy^2$；　　(2) $z=x^2ye^y$.

3. 设函数 $z=e^{-\left(\frac{1}{x}+\frac{1}{y}\right)}$，验证：

$$x^2\frac{\partial z}{\partial x}+y^2\frac{\partial z}{\partial y}=2z.$$

4. 已知函数 $z=\varphi(x-at)+\psi(x+at)$，其中 φ,ψ 具有二阶连续偏导数，a 为常数. 证明：

$$\frac{\partial^2 z}{\partial t^2}=a^2\frac{\partial^2 z}{\partial x^2}.$$

第四节　全　微　分

一、全微分的概念

在一元函数微分学中，我们介绍了微分的概念. 本节将讨论二元函数全微分的问题，并由此可类推出一般多元函数的全微分.

定义 1　若二元函数 $z=f(x,y)$ 在点(x,y) 处的全增量

$$\Delta z=f(x+\Delta x,y+\Delta y)-f(x,y)$$

可表示为

$$\Delta z=A\Delta x+B\Delta y+o(\rho), \tag{7-4-1}$$

其中 A,B 是仅与 x,y 有关而与 $\Delta x,\Delta y$ 无关的常数，$\rho=\sqrt{(\Delta x)^2+(\Delta y)^2}$，则称函数 $z=f(x,y)$ 在点(x,y) 处**可微分**，$A\Delta x+B\Delta y$ 称为函数 $z=f(x,y)$ 在点(x,y) 处的**全微分**，记作

$$dz=df=A\Delta x+B\Delta y. \tag{7-4-2}$$

将 dz 代入(7－4－1)式，可得 $\Delta z-dz=o(\rho)$，因此函数可微分的充要条件是 $\Delta z-dz$ 是

较 ρ 高阶的无穷小,即$\lim\limits_{\rho\to 0}\dfrac{\Delta z-\mathrm{d}z}{\rho}=0$.

如果函数在区域 D 内每一点处都可微分,则称该函数在 D 内可微分.

从第三节可知,多元函数在某点处的偏导数存在,并不能保证函数在该点处连续. 但是,由可微分的定义易知 $\lim\limits_{(\Delta x,\Delta y)\to(0,0)}\Delta z=0$,因此函数可微分必连续.

全微分的概念可以推广到三元及三元以上的多元函数.

下面根据全微分和偏导数的定义来讨论函数在某点处可微分的条件.

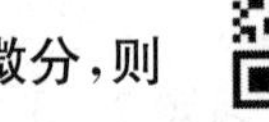

定理 1(必要条件) **若二元函数 $z=f(x,y)$ 在点 (x,y) 处可微分,则函数在该点处的偏导数 $f'_x(x,y)$,$f'_y(x,y)$ 存在,且**

$$A=f'_x(x,y),\quad B=f'_y(x,y),$$

即

$$\mathrm{d}z=f'_x(x,y)\Delta x+f'_y(x,y)\Delta y. \tag{7-4-3}$$

证 由于函数 $z=f(x,y)$ 在点 (x,y) 处可微分,因此若在(7-4-1)式中令 $\Delta y=0$,这时 $\rho=\sqrt{(\Delta x)^2+(\Delta y)^2}=|\Delta x|$,则有

$$\lim_{\Delta x\to 0}\frac{f(x+\Delta x,y)-f(x,y)}{\Delta x}=\lim_{\Delta x\to 0}\frac{A\Delta x+o(|\Delta x|)}{\Delta x}=A.$$

因而 $f'_x(x,y)$ 存在且等于 A.

同理可证 $f'_y(x,y)$ 存在且等于 B.

例 1 考察函数

$$f(x,y)=\begin{cases}\dfrac{xy}{\sqrt{x^2+y^2}}, & x^2+y^2\neq 0,\\ 0, & x^2+y^2=0\end{cases}$$

在点 $(0,0)$ 处的可微性.

解 由偏导数的定义得

$$f'_x(0,0)=\lim_{\Delta x\to 0}\frac{f(\Delta x,0)-f(0,0)}{\Delta x}=\lim_{\Delta x\to 0}\frac{0-0}{\Delta x}=0.$$

同理可得,$f'_y(0,0)=0$.

若函数 $z=f(x,y)$ 在点 $(0,0)$ 处可微分,则

$$\begin{aligned}\Delta z-\mathrm{d}z&=f(0+\Delta x,0+\Delta y)-f(0,0)-f'_x(0,0)\Delta x-f'_y(0,0)\Delta y\\&=\frac{\Delta x\Delta y}{\sqrt{(\Delta x)^2+(\Delta y)^2}}\end{aligned}$$

是一个较 ρ 高阶的无穷小. 但极限$\lim\limits_{\rho\to 0}\dfrac{\Delta z-\mathrm{d}z}{\rho}=\lim\limits_{(\Delta x,\Delta y)\to(0,0)}\dfrac{\Delta x\Delta y}{(\Delta x)^2+(\Delta y)^2}$ 不仅不为零而且不存在,从而 $\Delta z-\mathrm{d}z$ 不是一个较 ρ 高阶的无穷小,根据定义可知,函数 $z=f(x,y)$ 在点 $(0,0)$ 处不可微分.

此例中的函数偏导数存在但不可微分(对一元函数来说,可微分与导数存在是等价的). 对二元函数来说,偏导数存在只是函数可微分的必要条件. 但在一定的条件下,偏导数存在与可微性还是有联系的.

定理 2(充分条件)　若二元函数 $z=f(x,y)$ 的偏导数在点 (x,y) 处连续，则函数 $z=f(x,y)$ 在点 (x,y) 处可微分.

证明从略.

习惯上，常将自变量的增量 $\Delta x,\Delta y$ 分别记作 $\mathrm{d}x,\mathrm{d}y$，这样函数 $z=f(x,y)$ 的全微分就表示为

$$\mathrm{d}z=f'_x(x,y)\mathrm{d}x+f'_y(x,y)\mathrm{d}y. \tag{7-4-4}$$

上述关于二元函数全微分的必要条件和充分条件可以推广到三元及三元以上的多元函数. 例如，三元函数 $u=f(x,y,z)$ 的全微分可表示为

$$\mathrm{d}u=f'_x(x,y,z)\mathrm{d}x+f'_y(x,y,z)\mathrm{d}y+f'_z(x,y,z)\mathrm{d}z. \tag{7-4-5}$$

例 2　求函数 $z=x^3y+y^2$ 的全微分.

解　因为 $\dfrac{\partial z}{\partial x}=3x^2y,\dfrac{\partial z}{\partial y}=x^3+2y$，所以

$$\mathrm{d}z=3x^2y\mathrm{d}x+(x^3+2y)\mathrm{d}y.$$

例 3　求函数 $z=\mathrm{e}^{xy}$ 的全微分以及当 $x=1,y=1,\Delta x=0.01,\Delta y=0.02$ 时的全微分值.

解　因为 $\dfrac{\partial z}{\partial x}=y\mathrm{e}^{xy},\dfrac{\partial z}{\partial y}=x\mathrm{e}^{xy}$，所以

$$\mathrm{d}z=y\mathrm{e}^{xy}\mathrm{d}x+x\mathrm{e}^{xy}\mathrm{d}y.$$

把 $x=1,y=1,\Delta x=0.01,\Delta y=0.02$ 代入上式，得

$$\mathrm{d}z=1\times\mathrm{e}\times0.01+1\times\mathrm{e}\times0.02=0.03\mathrm{e}.$$

二、全微分在近似计算中的应用

由二元函数全微分的定义知，$\Delta z-\mathrm{d}z=o(\rho)$ 是一个较 ρ 高阶的无穷小，因此在实际问题中，常常可以利用

$$\mathrm{d}z=f'_x(x,y)\Delta x+f'_y(x,y)\Delta y$$

来近似代替全增量 Δz，即

$$\Delta z=f(x+\Delta x,y+\Delta y)-f(x,y)\approx\mathrm{d}z=f'_x(x,y)\Delta x+f'_y(x,y)\Delta y.$$

由此得计算函数值的近似表达式

$$f(x+\Delta x,y+\Delta y)\approx f(x,y)+f'_x(x,y)\Delta x+f'_y(x,y)\Delta y.$$

在具体问题中，往往并不会直接给出函数 $f(x,y)$、自变量 x,y 和它的增量 $\Delta x,\Delta y$，这时，我们需要根据问题的特点，通过观察去确定这些量.

例 4　计算 $\ln(\sqrt[3]{1.03}+\sqrt[4]{0.98}-1)$ 的近似值.

解　设二元函数 $z=f(x,y)=\ln(\sqrt[3]{x}+\sqrt[4]{y}-1)$. 令

$$x_0=1,\quad y_0=1,\quad \Delta x=0.03,\quad \Delta y=-0.02,$$

则

$$f(x_0,y_0)=f(1,1)=\ln(\sqrt[3]{1}+\sqrt[4]{1}-1)=0,$$

$$f'_x(x_0,y_0)=f'_x(1,1)=\frac{1}{3},\quad f'_y(x_0,y_0)=f'_y(1,1)=\frac{1}{4}.$$

于是

$$\ln(\sqrt[3]{1.03}+\sqrt[4]{0.98}-1)\approx\frac{1}{3}\times0.03+\frac{1}{4}\times(-0.02)=0.005.$$

例 5 某企业的成本 C 与生产的商品 A 和 B 的数量 x 和 y 之间的关系为

$$C(x,y)=x^2-0.5xy+y^2.$$

现 A 的产量由 100 增加到 105,而 B 的产量由 50 增加到 52,问成本需增加多少?

解 因为 $C(x,y)=x^2-0.5xy+y^2$,令 $x_0=100,y_0=50,\Delta x=5,\Delta y=2$,所以

$$C'_x(x_0,y_0)=C'_x(100,50)=175,$$
$$C'_y(x_0,y_0)=C'_y(100,50)=50.$$

于是

$$\begin{aligned}\Delta C\approx \mathrm{d}C&=C'_x(100,50)\Delta x+C'_y(100,50)\Delta y\\&=175\times5+50\times2=975.\end{aligned}$$

小结

本节学习需注意以下几点:(1) 如何判断二元函数是否可微分;(2) 偏导数存在是可微分的必要条件,但不是充分条件;(3) 全微分的计算实质上就是计算偏导数,再分别与各自变量微分的乘积之和;(4) 全微分在近似计算中的应用.

应用导学

多元函数微分学需要掌握如何判断函数是否可微分,可微分、偏导数存在以及二元函数连续之间的关系,了解全微分的近似计算在实际问题中的应用.

习题 7-4

1. 求下列函数的全微分:

(1) $z=3x^2y+\dfrac{x}{y}$;　　(2) $z=\sin(x\cos y)$;

(3) $z=\mathrm{e}^{x-2y}$;　　(4) $z=\ln(2x^2+3y^2)$.

2. 求下列函数在指定点 M_0 处的全微分:

(1) $z=\mathrm{e}^{xy},M_0(0,0)$;　　(2) $z=x\ln xy,M_0(-1,-1)$;

(3) $z=\ln(2+x^2+y^2),M_0(2,1)$.

3. 计算 $\sqrt{(1.02)^3+(1.97)^3}$ 的近似值.

4. 设有一个圆柱体,它的底面半径 R 由 2 cm 增加到 2.05 cm,其高 H 由 10 cm 减少到 9.8 cm,试求体积改变量 ΔV 的近似值.

第五节　多元复合函数微分法与隐函数微分法

一元复合函数的求导法则可以推广到多元复合函数的情况.下面主要对二元复合函数进行讨论.

一、多元复合函数的求导法则

1. 复合函数的中间变量是多元函数的情形

定理 1　设函数 $u=u(x,y),v=v(x,y)$ 在点 (x,y) 处的偏导数存在,函数 $z=f(u,v)$ 在点 (x,y) 对应的点 (u,v) 处具有连续的偏导数,则复合函数 $z=f[u(x,y),v(x,y)]$ 在点 (x,y) 处对 x,y 的偏导数存在,且有

$$\frac{\partial z}{\partial x}=\frac{\partial z}{\partial u}\cdot\frac{\partial u}{\partial x}+\frac{\partial z}{\partial v}\cdot\frac{\partial v}{\partial x},\tag{7-5-1}$$

$$\frac{\partial z}{\partial y}=\frac{\partial z}{\partial u}\cdot\frac{\partial u}{\partial y}+\frac{\partial z}{\partial v}\cdot\frac{\partial v}{\partial y}.\tag{7-5-2}$$

证明从略.

上述公式在记忆时比较容易出错,为此,我们可以先画出变量之间关系的树形图(见图 7-5).例如,求 z 对 x 的偏导数时,就看从 z 到 x 有几条线,只要沿每条线如同一元函数那样求复合函数的导数(注意这里应是偏导数),再相加就得到(7-5-1)式.类似可得(7-5-2)式.这就是二元复合函数的链式法则.

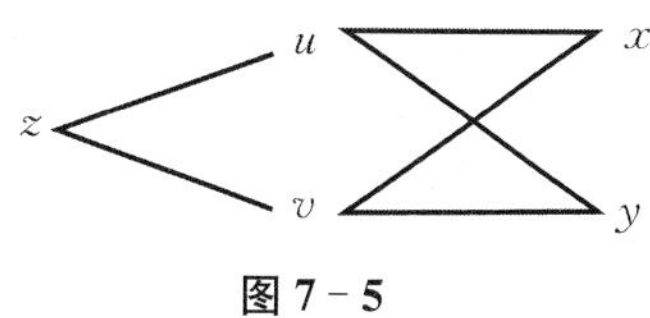

图 7-5

类似地,可得三元复合函数的链式法则.

设函数 $u=u(x,y),v=v(x,y),w=w(x,y)$ 在点 (x,y) 处的偏导数存在,函数 $z=f(u,v,w)$ 在对应点 (u,v,w) 处具有连续的偏导数,则复合函数

$$z=f[u(x,y),v(x,y),w(x,y)]$$

在点 (x,y) 处对 x,y 的偏导数存在,且有

$$\frac{\partial z}{\partial x}=\frac{\partial z}{\partial u}\cdot\frac{\partial u}{\partial x}+\frac{\partial z}{\partial v}\cdot\frac{\partial v}{\partial x}+\frac{\partial z}{\partial w}\cdot\frac{\partial w}{\partial x},\tag{7-5-3}$$

$$\frac{\partial z}{\partial y}=\frac{\partial z}{\partial u}\cdot\frac{\partial u}{\partial y}+\frac{\partial z}{\partial v}\cdot\frac{\partial v}{\partial y}+\frac{\partial z}{\partial w}\cdot\frac{\partial w}{\partial y}.\tag{7-5-4}$$

例 1　求函数 $z=(x^2+y^2)^{xy}$ 的偏导数.

解　引进中间变量 $u=x^2+y^2,v=xy$,则 $z=u^v$.因为

$$\frac{\partial z}{\partial u}=vu^{v-1},\quad \frac{\partial z}{\partial v}=u^v\ln u,$$

$$\frac{\partial u}{\partial x}=2x,\quad \frac{\partial u}{\partial y}=2y,\quad \frac{\partial v}{\partial x}=y,\quad \frac{\partial v}{\partial y}=x,$$

所以

$$\frac{\partial z}{\partial x}=vu^{v-1}\cdot 2x+u^{v}\ln u\cdot y=u^{v}(2xvu^{-1}+y\ln u)$$

$$=(x^2+y^2)^{xy}\left[\frac{2x^2y}{x^2+y^2}+y\ln(x^2+y^2)\right],$$

$$\frac{\partial z}{\partial y}=vu^{v-1}\cdot 2y+u^{v}\ln u\cdot x=u^{v}(2yvu^{-1}+x\ln u)$$

$$=(x^2+y^2)^{xy}\left[\frac{2xy^2}{x^2+y^2}+x\ln(x^2+y^2)\right].$$

例 2 设函数 $z=\mathrm{e}^{u}\sin v$,而 $u=xy,v=x+y$,求$\frac{\partial z}{\partial x},\frac{\partial z}{\partial y}$.

解 因为

$$\frac{\partial z}{\partial u}=\mathrm{e}^{u}\sin v,\quad \frac{\partial z}{\partial v}=\mathrm{e}^{u}\cos v,$$

$$\frac{\partial u}{\partial x}=y,\quad \frac{\partial u}{\partial y}=x,\quad \frac{\partial v}{\partial x}=1,\quad \frac{\partial v}{\partial y}=1,$$

所以

$$\frac{\partial z}{\partial x}=\mathrm{e}^{u}\sin v\cdot y+\mathrm{e}^{u}\cos v\cdot 1=\mathrm{e}^{xy}[y\sin(x+y)+\cos(x+y)],$$

$$\frac{\partial z}{\partial y}=\mathrm{e}^{u}\sin v\cdot x+\mathrm{e}^{u}\cos v\cdot 1=\mathrm{e}^{xy}[x\sin(x+y)+\cos(x+y)].$$

运算比较熟练后,可以省去一些中间过程.

例 3 设函数 $z=f(x^2-y^2,\mathrm{e}^{xy})$,其中 f 具有连续的偏导数,求$\frac{\partial z}{\partial x},\frac{\partial z}{\partial y}$.

解 设 $u=x^2-y^2,v=\mathrm{e}^{xy}$,则

$$\frac{\partial z}{\partial x}=\frac{\partial f}{\partial u}\cdot\frac{\partial u}{\partial x}+\frac{\partial f}{\partial v}\cdot\frac{\partial v}{\partial x}=2x\frac{\partial f}{\partial u}+y\mathrm{e}^{xy}\frac{\partial f}{\partial v},$$

$$\frac{\partial z}{\partial y}=\frac{\partial f}{\partial u}\cdot\frac{\partial u}{\partial y}+\frac{\partial f}{\partial v}\cdot\frac{\partial v}{\partial y}=-2y\frac{\partial f}{\partial u}+x\mathrm{e}^{xy}\frac{\partial f}{\partial v}.$$

2. 复合函数的中间变量是一元函数的情形

定理 2 **设函数 $u=u(x),v=v(x)$ 在点 x 处可导,函数 $z=f(u,v)$ 在点 x 对应的点(u,v) 处具有连续的偏导数,则复合函数 $z=f[u(x),v(x)]$ 在点 x 处可导,且有**

$$\frac{\mathrm{d}z}{\mathrm{d}x}=\frac{\partial z}{\partial u}\cdot\frac{\mathrm{d}u}{\mathrm{d}x}+\frac{\partial z}{\partial v}\cdot\frac{\mathrm{d}v}{\mathrm{d}x}. \tag{7-5-5}$$

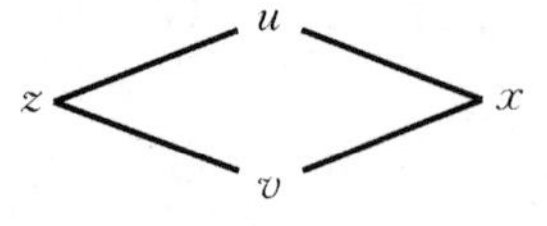

图 7-6

证明从略.

对应于偏导数,此时 z 对 x 的导数称为**全导数**.

变量 z,u,v,x 之间的关系如图 7-6 所示,显然(7-5-5)式仍符合链式法则.

例 4 设函数 $z=u^2-v^2,u=\sin x,v=\cos x$,求$\frac{\mathrm{d}z}{\mathrm{d}x}$.

解 这里 u,v 是中间变量,z 是 x 的复合函数. 因为

$$\frac{\partial z}{\partial u}=2u,\quad \frac{\partial z}{\partial v}=-2v,\quad \frac{\mathrm{d}u}{\mathrm{d}x}=\cos x,\quad \frac{\mathrm{d}v}{\mathrm{d}x}=-\sin x,$$

所以

$$\frac{\mathrm{d}z}{\mathrm{d}x}=2u\cos x+2v\sin x=2\sin x\cos x+2\cos x\sin x=2\sin 2x.$$

注 例 4 也可将 u,v 的表达式代入 $z=u^2-v^2$，变为一元函数再求导数.

3. 复合函数的中间变量既有一元函数也有多元函数的情形

定理 3 若函数 $u=u(x,y)$ 在点 (x,y) 处的偏导数存在，函数 $v=v(x)$ 在点 x 处可导，函数 $z=f(u,v)$ 在对应的点 (u,v) 处具有连续的偏导数，则复合函数 $z=f[u(x,y),v(x)]$ 在点 (x,y) 处对 x,y 的偏导数存在，且有

$$\frac{\partial z}{\partial x}=\frac{\partial z}{\partial u}\cdot\frac{\partial u}{\partial x}+\frac{\partial z}{\partial v}\cdot\frac{\mathrm{d}v}{\mathrm{d}x},\tag{7-5-6}$$

$$\frac{\partial z}{\partial y}=\frac{\partial z}{\partial u}\cdot\frac{\partial u}{\partial y}.\tag{7-5-7}$$

证明从略. 变量 z,u,v,x,y 之间的关系如图 7-7 所示.

在定理 3 中有一种常见的情形：复合函数的某些中间变量本身又是复合函数的自变量. 例如函数 $z=f(u,x)$，$u=u(x,y)$，其变量之间的关系如图 7-8 所示，且有

$$\frac{\partial z}{\partial x}=\frac{\partial z}{\partial u}\cdot\frac{\partial u}{\partial x}+\frac{\partial f}{\partial x},\tag{7-5-8}$$

$$\frac{\partial z}{\partial y}=\frac{\partial z}{\partial u}\cdot\frac{\partial u}{\partial y}.\tag{7-5-9}$$

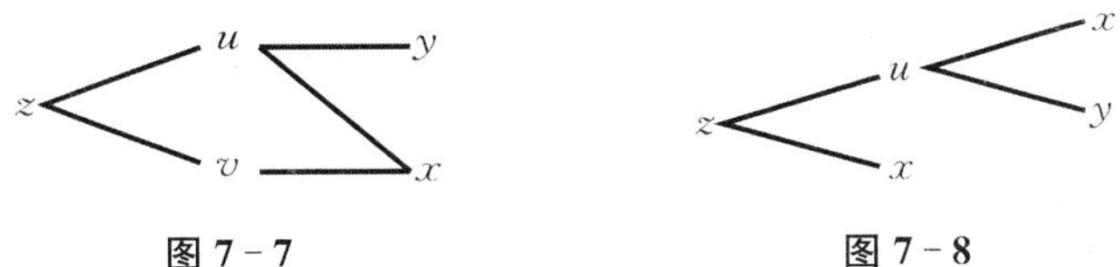

图 7-7　　　　图 7-8

注 (7-5-8) 式中 $\frac{\partial z}{\partial x}$ 和 $\frac{\partial f}{\partial x}$ 是不同的，$\frac{\partial z}{\partial x}$ 是把复合函数 $z=f[u(x,y),x]$ 中的 y 看作不变而对 x 的偏导数，$\frac{\partial f}{\partial x}$ 是把 u 看作不变而对 x 的偏导数.

例 5 设函数 $z=u^2\ln v$，$u=\mathrm{e}^{xy}$，$v=\sin x$，求 $\frac{\partial z}{\partial x},\frac{\partial z}{\partial y}$.

解 这里 u,v 是中间变量，z 是 x,y 的复合函数，则

$$\begin{aligned}\frac{\partial z}{\partial x}&=\frac{\partial z}{\partial u}\cdot\frac{\partial u}{\partial x}+\frac{\partial z}{\partial v}\cdot\frac{\mathrm{d}v}{\mathrm{d}x}=2u\ln v\cdot y\mathrm{e}^{xy}+\frac{u^2}{v}\cdot\cos x\\&=2y\mathrm{e}^{2xy}\ln\sin x+\mathrm{e}^{2xy}\cot x,\end{aligned}$$

$$\frac{\partial z}{\partial y}=\frac{\partial z}{\partial u}\cdot\frac{\partial u}{\partial y}=2u\ln v\cdot x\mathrm{e}^{xy}=2x\mathrm{e}^{2xy}\ln\sin x.$$

二、全微分的形式不变性

根据复合函数的求导法则，可得到全微分的形式不变性. 以二元函数为例，设函数 $z=f(u,v)$，$u=u(x,y)$，$v=v(x,y)$，则

$$\mathrm{d}z=\frac{\partial z}{\partial x}\mathrm{d}x+\frac{\partial z}{\partial y}\mathrm{d}y=\left(\frac{\partial z}{\partial u}\cdot\frac{\partial u}{\partial x}+\frac{\partial z}{\partial v}\cdot\frac{\partial v}{\partial x}\right)\mathrm{d}x+\left(\frac{\partial z}{\partial u}\cdot\frac{\partial u}{\partial y}+\frac{\partial z}{\partial v}\cdot\frac{\partial v}{\partial y}\right)\mathrm{d}y$$
$$=\frac{\partial z}{\partial u}\left(\frac{\partial u}{\partial x}\mathrm{d}x+\frac{\partial u}{\partial y}\mathrm{d}y\right)+\frac{\partial z}{\partial v}\left(\frac{\partial v}{\partial x}\mathrm{d}x+\frac{\partial v}{\partial y}\mathrm{d}y\right)=\frac{\partial z}{\partial u}\mathrm{d}u+\frac{\partial z}{\partial v}\mathrm{d}v.$$

由此可见,尽管现在 u,v 是中间变量,但全微分 $\mathrm{d}z$ 与 u,v 是自变量时的表达式在形式上完全一样. 此性质称为**全微分的形式不变性**.

例 6 利用全微分的形式不变性求解例 2.

解 $\mathrm{d}z=\mathrm{d}(\mathrm{e}^u\sin v)=\mathrm{e}^u\sin v\mathrm{d}u+\mathrm{e}^u\cos v\mathrm{d}v.$

将 $\mathrm{d}u=\mathrm{d}(xy)=y\mathrm{d}x+x\mathrm{d}y,\mathrm{d}v=\mathrm{d}(x+y)=\mathrm{d}x+\mathrm{d}y$ 代入上式,得

$$\mathrm{d}z=\mathrm{e}^u(y\sin v+\cos v)\mathrm{d}x+\mathrm{e}^u(x\sin v+\cos v)\mathrm{d}y=\frac{\partial z}{\partial x}\mathrm{d}x+\frac{\partial z}{\partial y}\mathrm{d}y,$$

即

$$\frac{\partial z}{\partial x}=\mathrm{e}^u(y\sin v+\cos v)=\mathrm{e}^{xy}[y\sin(x+y)+\cos(x+y)],$$
$$\frac{\partial z}{\partial y}=\mathrm{e}^u(x\sin v+\cos v)=\mathrm{e}^{xy}[x\sin(x+y)+\cos(x+y)].$$

三、隐函数微分法

在一元函数微分学中,我们曾引入了隐函数的概念,并介绍了由方程

$$F(x,y)=0 \tag{7-5-10}$$

所确定的隐函数的求导方法. 这里将进一步从理论上阐明隐函数的存在性,并通过多元复合函数的求导法则建立隐函数的求导公式.

定理 4 **设二元函数 $F(x,y)$ 在点 $P(x_0,y_0)$ 的某个邻域内具有连续的偏导数,且 $F(x_0,y_0)=0,F'_y(x_0,y_0)\neq 0$,则方程 $F(x,y)=0$ 在点(x_0,y_0)的某个邻域内能唯一确定一个连续且具有连续导数的函数 $y=f(x)$,它满足条件 $y_0=f(x_0)$,且有**

$$\frac{\mathrm{d}y}{\mathrm{d}x}=-\frac{F'_x}{F'_y}. \tag{7-5-11}$$

这个定理我们不做严格的证明,下面仅给出(7-5-11)式的推导过程.

事实上,设由方程 $F(x,y)=0$ 所确定的函数为 $y=f(x)$,则

$$F[x,f(x)]\equiv 0.$$

上式左端可看作 x 的一个复合函数,求这个函数的全导数. 因为恒等式两端求导数后仍恒等,所以

$$\frac{\partial F}{\partial x}+\frac{\partial F}{\partial y}\cdot\frac{\mathrm{d}y}{\mathrm{d}x}=0.$$

又 F'_y 连续,且 $F'_y(x_0,y_0)\neq 0$,所以存在点(x_0,y_0)的一个邻域,在这个邻域内 $F'_y(x,y)\neq 0$,于是得

$$\frac{\mathrm{d}y}{\mathrm{d}x}=-\frac{F'_x}{F'_y}.$$

例 7 求由方程 $x^3+y^3-3axy=0$ 所确定的函数的导数 $\dfrac{\mathrm{d}y}{\mathrm{d}x}$.

解 令函数 $F(x,y)=x^3+y^3-3axy$,于是

$$F'_x = 3x^2 - 3ay,\quad F'_y = 3y^2 - 3ax,$$

则

$$\frac{\mathrm{d}y}{\mathrm{d}x} = -\frac{3x^2 - 3ay}{3y^2 - 3ax} = \frac{ay - x^2}{y^2 - ax}.$$

定理 4 还可以推广到三元及三元以上的多元函数，下面主要讨论三元函数的情形. 既然由方程 $F(x,y) = 0$ 可以确定一个一元隐函数，那么由方程

$$F(x,y,z) = 0 \tag{7-5-12}$$

就有可能确定一个二元隐函数.

与定理 4 一样，我们可以由三元函数 $F(x,y,z)$ 的性质来断定由方程 $F(x,y,z) = 0$ 所确定的二元隐函数 $z = f(x,y)$ 的存在以及这个函数的性质. 这就是下面的定理.

定理 5 **设函数 $F(x,y,z)$ 在点 (x_0,y_0,z_0) 的某个邻域内具有连续的偏导数，且 $F(x_0,y_0,z_0) = 0, F'_z(x_0,y_0,z_0) \neq 0$，则方程 $F(x,y,z) = 0$ 在点 (x_0,y_0,z_0) 的某个邻域内能唯一确定一个连续且具有连续偏导数的函数 $z = f(x,y)$，它满足条件 $z_0 = f(x_0,y_0)$，且有**

$$\frac{\partial z}{\partial x} = -\frac{F'_x}{F'_z},\quad \frac{\partial z}{\partial y} = -\frac{F'_y}{F'_z}. \tag{7-5-13}$$

证明从略. 与定理 4 类似，仅做如下推导.

由于

$$F[x,y,f(x,y)] \equiv 0,$$

将上式两端分别对 x,y 求导数，应用复合函数的求导法则，得

$$F'_x + F'_z\frac{\partial z}{\partial x} = 0,\quad F'_y + F'_z\frac{\partial z}{\partial y} = 0.$$

因为 F'_z 连续，且 $F'_z(x_0,y_0,z_0) \neq 0$，所以存在点 (x_0,y_0,z_0) 的一个邻域，在这个邻域内 $F'_z \neq 0$，于是得

$$\frac{\partial z}{\partial x} = -\frac{F'_x}{F'_z},\quad \frac{\partial z}{\partial y} = -\frac{F'_y}{F'_z}.$$

注 定理 4 中，若 $F'_x(x_0,y_0) \neq 0$，则类似地可以确定 x 为 y 的函数 $x = f(y)$；定理 5 中，若 $F'_x(x_0,y_0,z_0) \neq 0$，则类似地可以确定 x 为 y,z 的函数 $x = g(y,z)$.

例 8 设方程 $z^3 - 3xyz = a^2$，求 $\frac{\partial z}{\partial x}, \frac{\partial z}{\partial y}$.

解 令函数 $F(x,y,z) = z^3 - 3xyz - a^2$，则有

$$F'_x = -3yz,\quad F'_y = -3xz,\quad F'_z = 3z^2 - 3xy.$$

所以

$$\frac{\partial z}{\partial x} = -\frac{F'_x}{F'_z} = -\frac{-3yz}{3z^2 - 3xy} = \frac{yz}{z^2 - xy},$$

$$\frac{\partial z}{\partial y} = -\frac{F'_y}{F'_z} = -\frac{-3xz}{3z^2 - 3xy} = \frac{xz}{z^2 - xy}.$$

例 9 设方程 $\frac{x}{z} = \ln\frac{z}{y}$，求 $\frac{\partial z}{\partial x}, \frac{\partial z}{\partial y}$.

解 令函数 $F(x,y,z) = \frac{x}{z} - \ln\frac{z}{y}$，则有

$$F'_x=\frac{1}{z},\quad F'_y=-\frac{y}{z}\left(-\frac{z}{y^2}\right)=\frac{1}{y},$$

$$F'_z=-\frac{x}{z^2}-\frac{y}{z}\cdot\frac{1}{y}=-\frac{1}{z^2}(x+z).$$

所以

$$\frac{\partial z}{\partial x}=-\frac{F'_x}{F'_z}=\frac{z}{x+z},\quad \frac{\partial z}{\partial y}=-\frac{F'_y}{F'_z}=\frac{z^2}{xy+yz}.$$

例 10 设方程 $x^2+y^2+z^2=a^2$,求$\frac{\partial z}{\partial x},\frac{\partial z}{\partial y},\frac{\partial^2 z}{\partial x^2},\frac{\partial^2 z}{\partial x\partial y}$.

解 令函数 $F(x,y,z)=x^2+y^2+z^2-a^2$,则有

$$F'_x=2x,\quad F'_y=2y,\quad F'_z=2z.$$

所以

$$\frac{\partial z}{\partial x}=-\frac{F'_x}{F'_z}=-\frac{2x}{2z}=-\frac{x}{z},\quad \frac{\partial z}{\partial y}=-\frac{F'_y}{F'_z}=-\frac{y}{z},$$

$$\frac{\partial^2 z}{\partial x^2}=-\frac{z-x\frac{\partial z}{\partial x}}{z^2}=-\frac{z-x\left(-\frac{x}{z}\right)}{z^2}=-\frac{z^2+x^2}{z^3},$$

$$\frac{\partial^2 z}{\partial x\partial y}=-\frac{0-x\frac{\partial z}{\partial y}}{z^2}=\frac{x\left(-\frac{y}{z}\right)}{z^2}=-\frac{xy}{z^3}.$$

小结

本节学习需注意以下几点:(1) 应用多元复合函数的求导法则时需清楚变量之间的关系;(2) 全微分的形式不变性;(3) 隐函数微分法实质上是复合函数求导法则的应用.

应用导学

在实际应用中,求由方程所确定的多元函数的偏导数时,不一定非得套用公式,尤其在方程中含有抽象复合函数时,利用求偏导数或求微分的过程更为清楚.

习题 7-5

1. (1) 设函数 $z=\frac{y}{x},x=e^t,y=1-e^{2t}$,求$\frac{dz}{dt}$;

(2) 设函数 $z=e^{x-2y},x=\sin t,y=t^3$,求$\frac{dz}{dt}$.

2. (1) 设函数 $z=u^2v-uv^2,u=x\cos y,v=x\sin y$,求$\frac{\partial z}{\partial x},\frac{\partial z}{\partial y}$;

(2) 设函数 $z=x^2\ln y,x=\frac{v}{u},y=3v-2u$,求$\frac{\partial z}{\partial u},\frac{\partial z}{\partial v}$;

(3) 设函数 $z=f(x^2+y^2,e^{xy})$，其中 f 具有连续的偏导数，求 $\frac{\partial z}{\partial x},\frac{\partial z}{\partial y}$；

(4) 设函数 $z=f(x^2,y^2)$，其中 f 具有连续的偏导数，求 $\frac{\partial z}{\partial x},\frac{\partial z}{\partial y}$.

3. 求由下列方程所确定的隐函数的偏导数：

(1) $x+2y+z-2\sqrt{xyz}=0$，求 $\frac{\partial z}{\partial x},\frac{\partial z}{\partial y}$；

(2) $x+y-z-\cos(xyz)=0$，求 $\frac{\partial z}{\partial x},\frac{\partial z}{\partial y}$.

4. 设方程 $2\sin(x+2y-3z)=x+2y-3z$，证明：$\frac{\partial z}{\partial x}+\frac{\partial z}{\partial y}=1$.

5. 设方程 $e^z-xyz=0$，求 $\frac{\partial^2 z}{\partial x^2}$.

6. 设方程 $z^3-2xz+y=0$，求 $\frac{\partial^2 z}{\partial x^2},\frac{\partial^2 z}{\partial y^2}$.

第六节　多元函数微分学的应用

一、二元函数的极值及其判定

在实际问题中，往往会遇到多元函数的最大值与最小值问题. 与一元函数类似，多元函数的最大值、最小值与极大值、极小值密切相关. 下面我们以二元函数为例，先讨论多元函数的极值问题.

定义 1　设二元函数 $z=f(x,y)$ 在点 (x_0,y_0) 的某个邻域内有定义. 如果在该邻域内异于 (x_0,y_0) 的点恒有

$$f(x,y)<f(x_0,y_0),$$

则称 $f(x_0,y_0)$ 为函数 $z=f(x,y)$ 的**极大值**，(x_0,y_0) 称为**极大值点**；如果在该邻域内异于 (x_0,y_0) 的点恒有

$$f(x,y)>f(x_0,y_0),$$

则称 $f(x_0,y_0)$ 为函数 $z=f(x,y)$ 的**极小值**，(x_0,y_0) 称为**极小值点**.

极大值和极小值统称为**极值**，使函数取得极值的点称为函数的**极值点**.

例如函数 $f(x,y)=x^2+y^2+1$，对于点 $(0,0)$ 的去心邻域内任意点 (x,y) 都有 $f(x,y)>f(0,0)=1$，因而函数 $f(x,y)$ 在点 $(0,0)$ 处取得极小值，$(0,0)$ 是函数 $f(x,y)$ 的极小值点.

以上关于二元函数的极值概念，可推广到 n 元函数.

定理 1(极值存在的必要条件)　**如果 $f(x_0,y_0)$ 是函数 $z=f(x,y)$ 的极值，且在点 (x_0,y_0) 处 $z=f(x,y)$ 的偏导数存在，则必有**

$$f'_x(x_0,y_0)=0,\quad f'_y(x_0,y_0)=0.$$

证 不妨设 $f(x_0,y_0)$ 是函数 $z=f(x,y)$ 的极大值，则在点 (x_0,y_0) 的某个去心邻域内满足

$$f(x,y)<f(x_0,y_0).$$

取 $y=y_0$ 而 $x\neq x_0$，则在该去心邻域内应有

$$f(x,y_0)<f(x_0,y_0).$$

函数 $f(x,y_0)$ 是 x 的一元函数，上式表明一元函数 $f(x,y_0)$ 在点 $x=x_0$ 处取得极大值 $f(x_0,y_0)$，因此有

$$f'_x(x_0,y_0)=0.$$

同理可得

$$f'_y(x_0,y_0)=0.$$

定义 2 使得二元函数 $z=f(x,y)$ 的一阶偏导数全为零的点称为 $z=f(x,y)$ 的**驻点（或稳定点）**.

也就是说，若

$$f'_x(x_0,y_0)=0,\quad f'_y(x_0,y_0)=0,$$

则称 (x_0,y_0) 为 $f(x,y)$ 的驻点.

注 定理 1 表明，可导函数的极值点一定是驻点.

对可导函数来说，求极值点时，需先将所有的驻点求出，再做进一步判断. 同时也应该注意到，偏导数不存在的点也可能是函数的极值点. 因此，函数的极值点应该从驻点和一阶偏导数不存在的点中去寻找.

例如函数 $f(x,y)=\sqrt{x^2+y^2}$，在点 $(0,0)$ 处的一阶偏导数不存在，但在点 $(0,0)$ 的去心邻域内任意点 (x,y) 都有 $f(x,y)>f(0,0)=0$，因此函数 $f(x,y)$ 在点 $(0,0)$ 处取得极小值，$(0,0)$ 是 $f(x,y)$ 的极小值点.

定理 2（极值存在的充分条件） **设二元函数 $z=f(x,y)$ 在驻点 (x_0,y_0) 的某个邻域内具有二阶连续偏导数，又 $f'_x(x_0,y_0)=0,f'_y(x_0,y_0)=0$，令**

$$A=f''_{xx}(x_0,y_0),\quad B=f''_{xy}(x_0,y_0),\quad C=f''_{yy}(x_0,y_0).$$

（1）**如果 $AC-B^2>0$，那么 $f(x_0,y_0)$ 是 $z=f(x,y)$ 的极值，且当 $A<0$ 时，$f(x_0,y_0)$ 是极大值，当 $A>0$ 时，$f(x_0,y_0)$ 是极小值；**

（2）**如果 $AC-B^2<0$，那么 $f(x_0,y_0)$ 不是 $z=f(x,y)$ 的极值；**

（3）**如果 $AC-B^2=0$，那么 $f(x_0,y_0)$ 可能是极值，也可能不是极值，需要用其他方法进一步判断.**

证明从略.

根据定理 1 和定理 2，如果函数 $z=f(x,y)$ 具有二阶连续偏导数，则求其极值的一般步骤如下：

（1）求一阶偏导数，解方程组

$$\begin{cases} f'_x(x,y)=0, \\ f'_y(x,y)=0, \end{cases}$$

求出函数 $z=f(x,y)$ 的所有驻点；

（2）求出函数 $z=f(x,y)$ 的二阶偏导数，依次确定各驻点处 A,B,C 的值；

(3) 根据 $AC-B^2$ 的符号判断各驻点处的函数值是否为极值，是极大值还是极小值.

例 1　求函数 $f(x,y)=y^3-x^2+6x-12y+5$ 的极值.

解　因为函数 $f(x,y)=y^3-x^2+6x-12y+5$ 的偏导数存在，所以建立方程组

$$\begin{cases} f'_x(x,y)=-2x+6=0, \\ f'_y(x,y)=3y^2-12=0, \end{cases}$$

解得函数的驻点为(3,2)，(3，－2).

又

$$f''_{xx}(x,y)=-2,\quad f''_{xy}(x,y)=0,\quad f''_{yy}(x,y)=6y.$$

在点(3,2)处，$A=-2,B=0,C=12,AC-B^2=-24<0$，所以 $f(3,2)$ 不是极值；

在点(3，－2)处，$A=-2,B=0,C=-12,AC-B^2=24>0$，所以 $f(3,-2)$ 是极值. 而 $A=-2<0$，故(3，－2)是极大值点，极大值为 $f(3,-2)=30$.

与一元函数类似，我们可以利用极值来求二元函数的最值.

如果函数 $z=f(x,y)$ 在有界闭区域 D 上连续，则 $z=f(x,y)$ 的最大值和最小值一定存在. 使得函数 $z=f(x,y)$ 取得最大值或最小值的点既可能在 D 的内部，也可能在 D 的边界上. 假定函数 $z=f(x,y)$ 在 D 上连续、偏导数存在且驻点只有有限个，此时求函数的最大值和最小值的一般步骤如下：

(1) 求出 $z=f(x,y)$ 在 D 内所有驻点处的函数值；

(2) 求出 $z=f(x,y)$ 在 D 的边界上的最大值和最小值；

(3) 将前两步求出的所有函数值进行比较，其中最大的就是最大值，最小的就是最小值.

例 2　求函数 $z=f(x,y)=x^2y(5-x-y)$ 在闭区域

$$D=\{(x,y)\mid x\geqslant 0,y\geqslant 0,x+y\leqslant 4\}$$

上的最大值和最小值.

解　函数 $z=f(x,y)$ 的偏导数存在，所以建立方程组

$$\begin{cases} \dfrac{\partial z}{\partial x}=10xy-3x^2y-2xy^2=xy(10-3x-2y)=0, \\ \dfrac{\partial z}{\partial y}=5x^2-x^3-2x^2y=x^2(5-x-2y)=0, \end{cases}$$

解得在 D 的内部的驻点 $\left(\dfrac{5}{2},\dfrac{5}{4}\right)$，其函数值为

$$f\left(\frac{5}{2},\frac{5}{4}\right)=\frac{625}{64}.$$

在边界 $x=0$ 及 $y=0$ 上，函数 $z=f(x,y)$ 的值恒为零；在边界 $x+y=4$ 上，函数 $z=f(x,y)$ 变成变量 x 的一元函数

$$z=f(x)=x^2(4-x)\quad(0\leqslant x\leqslant 4).$$

由 $\dfrac{\mathrm{d}z}{\mathrm{d}x}=8x-3x^2=0$ 求得函数在 $0<x<4$ 上的驻点 $x=\dfrac{8}{3}$，驻点和端点处的函数值分别为

$$f\left(\frac{8}{3}\right)=\frac{256}{27},\quad f(0)=0,\quad f(4)=0.$$

比较 $f\left(\dfrac{5}{2},\dfrac{5}{4}\right)=\dfrac{625}{64}$，$f\left(\dfrac{8}{3}\right)=\dfrac{256}{27}$，$f(0)=0$，$f(4)=0$，函数 $z=f(x,y)$ 在 D 上的最

大值为 $z=\dfrac{625}{64}$,最小值为 $z=0$.

注 通常在实际问题中,如果根据问题的性质,可以判断出函数 $z=f(x,y)$ 的最大值(或最小值)一定在 D 的内部取得,而函数 $f(x,y)$ 在 D 内只有一个驻点,那么可以肯定该驻点处的函数值就是函数 $z=f(x,y)$ 在 D 上的最大值(或最小值).

例 3 某工厂要用铁板做一个体积为 2 m^3 的有盖长方体水箱. 问:长、宽、高各取怎样的尺寸时,才能使用料最省?

解 设水箱的长为 x m,宽为 y m,则其高为 $\dfrac{2}{xy}$ m. 此水箱所用材料的面积(单位:m^2)为

$$S=2\left(xy+y\cdot\frac{2}{xy}+x\cdot\frac{2}{xy}\right)=2\left(xy+\frac{2}{x}+\frac{2}{y}\right)\quad(x>0,y>0).$$

可见材料面积 S 是长 x 和宽 y 的二元函数. 解方程组

$$\begin{cases}\dfrac{\partial S}{\partial x}=2\left(y-\dfrac{2}{x^2}\right)=0,\\ \dfrac{\partial S}{\partial y}=2\left(x-\dfrac{2}{y^2}\right)=0,\end{cases}$$

得唯一驻点 $(\sqrt[3]{2},\sqrt[3]{2})$. 根据题意可判定,水箱所用材料面积的最小值一定存在,并在区域 $D=\{(x,y)\,|\,x>0,y>0\}$ 内取得. 又函数 S 在 D 内驻点唯一,故该驻点即为所求的最小值点. 因此,当水箱的长、宽、高均为 $\sqrt[3]{2}$ m 时,水箱所用材料最省.

注 例 3 的结论表明,在体积一定的长方体中,立方体的表面积最小.

二、条件极值与拉格朗日乘数法

在前面讨论的极值问题中,自变量在定义域内取值,没有附加任何其他条件,这类极值称为**无条件极值**.

在实际问题中,极值问题往往附加一些约束条件,于是函数 $z=f(x,y)$ 的自变量的取值还要受到约束条件的限制,即自变量 x,y 之间满足一定的条件 $g(x,y)=0$(也称为**约束方程**),这类极值称为**条件极值**.

条件极值问题也就是求函数 $z=f(x,y)$ 在约束条件 $g(x,y)=0$ 下的极值. 下面介绍解决条件极值问题的方法.

1. 将条件极值问题化为无条件极值问题

例如,求函数 $z=f(x,y)$ 在约束条件 $g(x,y)=0$ 下的极值,可由 $g(x,y)=0$ 解出 $y=\varphi(x)$ 并代入 $z=f(x,y)$,化为无条件极值. 但是,条件极值问题化为无条件极值问题的过程有时比较复杂,甚至难以做到.

2. 拉格朗日乘数法

这是解决条件极值问题的常用方法,特别是对于自变量较多、约束条件较多的情况更能显现出它的优越性.

拉格朗日乘数法求函数 $z=f(x,y)$ 在约束条件 $g(x,y)=0$ 下的极值的步骤如下:

(1) 作拉格朗日函数

$$L(x,y)=f(x,y)+\lambda g(x,y),$$

其中 λ 为拉格朗日乘数;

(2) 解方程组

$$\begin{cases}L'_x(x,y)=f'_x(x,y)+\lambda g'_x(x,y)=0,\\ L'_y(x,y)=f'_y(x,y)+\lambda g'_y(x,y)=0,\\ g(x,y)=0,\end{cases}$$

得(x_0,y_0);

(3) 判别(x_0,y_0)是否为极值点.一般可以根据问题的实际背景直接判别.

例 4　某工厂生产两种产品,日产量(单位:件)分别为 x,y,成本函数(单位:元)为

$$C(x,y)=8x^2-xy+12y^2,$$

该工厂的最大生产力为 $x+y=42$,求全力生产情况下的最小成本.

解　方法 1　由 $x+y=42$ 得 $y=42-x$,代入 $C(x,y)=8x^2-xy+12y^2$,得

$$C(x)=8x^2-x(42-x)+12(42-x)^2=21x^2-1050x+21168.$$

令 $C'(x)=0$,即

$$C'(x)=42x-1050=0,\quad 得\quad x=25.$$

因为 $C''(x)=42>0$,所以当 $x=25$ 时函数 $C(x)$ 取得极小值.由于驻点唯一,因此 $x=25$ 也是最小值点,此时最小成本为

$$C(25)=21\times25^2-1050\times25+21168=8043\ (元).$$

方法 2　约束条件为

$$g(x,y)=x+y-42=0.$$

作拉格朗日函数

$$L(x,y)=8x^2-xy+12y^2+\lambda(x+y-42),$$

解方程组

$$\begin{cases}L'_x(x,y)=16x-y+\lambda=0,\\ L'_y(x,y)=-x+24y+\lambda=0,\\ x+y-42=0,\end{cases}$$

得 $x=25,y=17$.根据实际问题,因为驻点唯一,所以$(25,17)$是最小值点.因此,当两种产品的日产量 $x=25$(件),$y=17$(件)时,成本最小,最小成本为

$$C(25,17)=8\times25^2-25\times17+12\times17^2=8\,043\ (元).$$

例 5　用三种原料 A,B 和 C 生产某种产品 P,以 x,y 和 z 分别表示三种原料的数量,$H(x,y,z)$ 表示产品 P 的产量.已知 $H(x,y,z)=0.5x^2yz$,三种原料的单价分别为 2 元/单位、4 元/单位和 8 元/单位,现用 600 元购买原料,问:购买三种原料各多少时,可使产品 P 的产量最大?

解　由题意知,约束条件为

$$g(x,y,z)=2x+4y+8z-600=0.$$

作拉格朗日函数

$$L(x,y,z)=0.5x^2yz+\lambda(2x+4y+8z-600),$$

解方程组

$$\begin{cases}L'_x(x,y,z)=xyz+2\lambda=0,\\L'_y(x,y,z)=0.5x^2z+4\lambda=0,\\L'_z(x,y,z)=0.5x^2y+8\lambda=0,\\2x+4y+8z-600=0,\end{cases}$$

得 $x=150,y=37.5,z=18.75$.

根据实际问题,因为驻点唯一,所以(150,37.5,18.75)是最大值点.因此,当购买三种原料的数量分别为 $x=150$(单位)、$y=37.5$(单位)、$z=18.75$(单位)时,产品P的产量最大.

小结

本节学习需注意以下几点:(1) 具有偏导数的函数的极值点必定是驻点,但函数的驻点不一定是极值点;(2) 求有界闭区域上二元连续函数的最值的步骤;(3) 条件极值的求法.

应用导学

在经济问题中,我们需要进行预测,这需要用到曲线拟合的知识,涉及的最小二乘法的基础就是多元函数极值问题.

习题 7-6

1. 求下列函数的极值:

(1) $f(x,y)=x^3+y^3-3xy$;　　(2) $f(x,y)=4(x-y)-x^2-y^2+1$;

(3) $f(x,y)=(x^2+y^2)^2-2(x^2-y^2)$;　　(4) $f(x,y)=x^4+y^4-4xy+1$.

2. 求函数 $f(x,y)=x^2-2xy+2y$ 在矩形闭区域 $D=\{(x,y)\mid 0\leqslant x\leqslant 3,0\leqslant y\leqslant 2\}$ 上的最大值和最小值.

3. 求函数 $f(x,y,z)=xyz$ 在约束条件 $xy+xz+yz=\dfrac{1}{2}$ 下的极值.

4. 现打算围一个面积为 60 m^2 的矩形场地,正面所用材料造价 10 元 /m,其余三面造价 5 元 /m,求该场地的长、宽各为多少时,所用材料费最少?

5. 设生产函数为 $z=0.005x^2y$,其中 x 和 y 分别表示两种原料的数量,z 表示产量,且两种原料的单价分别为 1 元 / 单位和 2 元 / 单位.现欲用 150 元购买原料,问:购进两种原料各多少时,可使产量最高?

知识网络图

多元函数
概念
邻域、定义域、二元函数的图形
极限与连续
多元函数极限的存在
多元函数极限的计算
多元函数的连续性
极限与连续的关系
偏导数
偏导数的定义及计算方法
偏导数的几何意义
偏导数的经济意义
全微分
全微分的定义
全微分与偏导数的关系,全微分的计算
全微分的应用
多元复合函数微分法与隐函数微分法
应用
无条件极值
条件极值

总习题七(A类)

1. 选择题:

(1) $\lim\limits_{(x,y)\to(0,0)}\left[\ln(1+x^2+y^2)\cdot\sin\dfrac{1}{x^2+y^2}\right]=(\quad)$;

A. 0　　B. 1　　C. 2　　D. ∞

(2) $\lim\limits_{(x,y)\to(\infty,\infty)}\left[(x^2+y^2)\sin\dfrac{1}{x^2+y^2}\right]=(\quad)$;

A. 0　　B. 1　　C. 2　　D. 不存在

(3) $\lim\limits_{(x,y)\to(0,0)}\dfrac{3xy}{\sqrt{2xy+1}-1}=(\quad)$.

A. 0　　B. $\dfrac{3}{2}$　　C. 3　　D. 不存在

2. 填空题:

(1) 设函数 $f(x,y,z)=xy^2+yz^2+zx^2$,则 $f''_{xy}(1,2,3)=$ ________;

(2) 函数 $z=xy^2$ 在 $x=2,y=0,\Delta x=0.3,\Delta y=-0.1$ 处的全增量为________,全微分为________;

(3) 已知函数 $f(x,y)$ 在点 (x_0,y_0) 处的偏导数存在且有极值,则 $f'_x(x_0,y_0)=$ ________, $f'_y(x_0,y_0)=$ ________.

3. 判断题:

(1) 函数 $f(x,y)=\begin{cases}x\sin\dfrac{1}{y}+y\sin\dfrac{1}{x}, & xy\neq 0,\\ 0, & xy=0\end{cases}$ 在点$(0,0)$处连续;　( )

(2) 函数 $f(x,y)$ 在点(x_0,y_0)处可微分,则在点(x_0,y_0)处连续;　( )

(3) 函数 $f(x,y)$ 在点(x_0,y_0)处的偏导数存在,则在点(x_0,y_0)处可微分;　( )

(4) 函数 $f(x,y)$ 在点(x_0,y_0)处的偏导数存在,则在点(x_0,y_0)处连续.　( )

4. 求函数 $f(x,y)=\dfrac{\sqrt{4x-y^2}}{\ln(1-x^2-y^2)}$ 的定义域.

5. 求极限 $\lim\limits_{(x,y)\to(0,0)}\dfrac{1-\cos(x^2+y^2)}{(x^2+y^2)e^{x^2y^2}}$.

6. 求函数 $z=(1+xy)^y$ 的一阶偏导数.

7. 求函数 $z=\ln\tan\dfrac{x}{y}$ 的一阶偏导数.

8. 求函数 $z=\arctan\dfrac{y}{x}$ 的二阶偏导数$\dfrac{\partial^2 z}{\partial x^2},\dfrac{\partial^2 z}{\partial x\partial y},\dfrac{\partial^2 z}{\partial y^2}$.

9. 求函数 $z=\ln(1+x^2+y^2)$ 在 $x=1,y=2$ 处的全微分.

10. 求函数 $z=\dfrac{y}{\sqrt{x^2+y^2}}$ 的全微分.

11. 计算$(1.97)^{1.05}$的近似值.($\ln 2 = 0.693.$)

12. 设函数$z = \arcsin(x - y)$,而$x = 3t, y = 4t^3$,求$\frac{\mathrm{d}z}{\mathrm{d}t}$.

13. 设方程$\sin y + \mathrm{e}^x - xy^2 = 0$,求$\frac{\mathrm{d}y}{\mathrm{d}x}$.

14. 求函数$f(x,y) = (6x - x^2)(4y - y^2)$的极值.

15. 求函数$f(x,y) = x^2 + 2y^2 + y - 1$在闭区域$\{(x,y) \mid x^2 + y^2 \leqslant 1\}$上的最大值和最小值.

16. 已知对某种商品的需求量Q_1是该商品的价格P_1和另一种相关商品的价格P_2及收入Y的函数:$Q_1 = \frac{1}{200} P_1^{-\frac{3}{8}} P_2^{-\frac{2}{5}} Y^{\frac{5}{2}}$,求需求的自价格弹性、交叉价格弹性和收入弹性.

17. 已知函数$f(x,y) = \frac{xy^2}{x^2 + y^4}$,证明:$\lim\limits_{(x,y)\to(0,0)} f(x,y)$不存在.

18. 设函数$z = \arctan \frac{x}{y}$,而$x = u + v, y = u - v$. 证明:

$$\frac{\partial z}{\partial u} + \frac{\partial z}{\partial v} = \frac{u - v}{u^2 + v^2}.$$

总习题七(B类)

1. 选择题:

(1) 设$f(x,y)$与$\varphi(x,y)$均为可微函数,且$\varphi'_y(x,y) \neq 0$,(x_0, y_0)是$f(x,y)$在约束条件$\varphi(x,y) = 0$下的一个极值点,下列选项正确的是(   );

A. 若$f'_x(x_0, y_0) = 0$,则$f'_y(x_0, y_0) = 0$

B. 若$f'_x(x_0, y_0) = 0$,则$f'_y(x_0, y_0) \neq 0$

C. 若$f'_x(x_0, y_0) \neq 0$,则$f'_y(x_0, y_0) = 0$

D. 若$f'_x(x_0, y_0) \neq 0$,则$f'_y(x_0, y_0) \neq 0$

(2) 已知函数$f(x,y) = \mathrm{e}^{\sqrt{x^2 + y^4}}$,则(   );

A. $f'_x(0,0)$,$f'_y(0,0)$都存在　　B. $f'_x(0,0)$不存在,$f'_y(0,0)$存在

C. $f'_x(0,0)$不存在,$f'_y(0,0)$不存在　　D. $f'_x(0,0)$,$f'_y(0,0)$都不存在

(3) 已知函数$f(x,y) = \frac{\mathrm{e}^x}{x - y}$,则(   );

A. $f'_x - f'_y = 0$　　B. $f'_x + f'_y = 0$

C. $f'_x - f'_y = f$　　D. $f'_x + f'_y = f$

(4) 二元函数$z = xy(3 - x - y)$的极值点是(   ).

A. $(0,0)$　　B. $(0,3)$

C. $(3,0)$　　D. $(1,1)$

2. 填空题:

(1) 设函数$f(u,v)$由关系式$f[xg(y), y] = x + g(y)$确定,其中函数$g(y)$可微,且

$g(y)\neq 0$,则$\dfrac{\partial^2 f}{\partial u\partial v}=$ ________;

(2) 设二元函数 $z=xe^{x+y}+(x+1)\ln(1+y)$,则 $dz\Big|_{(1,0)}=$ ________;

(3) 设函数 $f(u)$ 可微,且 $f'(0)=\dfrac{1}{2}$,则函数 $z=f(4x^2-y^2)$在点(1,2) 处的全微分 $dz\Big|_{(1,2)}=$ ________;

(4) 设 $f(u,v)$ 是二元可微函数,函数 $z=f\left(\dfrac{y}{x},\dfrac{x}{y}\right)$, 则 $\dfrac{\partial z}{\partial x}-y\dfrac{\partial z}{\partial y}=$ ________;

(5) 设函数 $z=(x+e^y)^x$,则$\dfrac{\partial z}{\partial x}\Big|_{(1,0)}=$ ________;

(6) 设函数 $z=\left(1+\dfrac{x}{y}\right)^{\frac{x}{y}}$,则 $dz\Big|_{(1,1)}=$ ________;

(7) 已知函数$z=f(x,y)$满足 $\lim\limits_{(x,y)\to(0,1)}\dfrac{f(x,y)-2x+y-2}{\sqrt{x^2+(y-1)^2}}=0$, 则 $dz\Big|_{(0,1)}=$ ________;

(8) 设函数 $z=z(x,y)$ 由方程$(z+y)^x=xy$ 所确定,则$\dfrac{\partial z}{\partial x}\Big|_{(1,2)}=$ ________;

(9) 若函数 $z=z(x,y)$ 由方程 $e^{x+2y+3z}+xyz=1$ 所确定,则 $dz\Big|_{(0,0)}=$ ________;

(10) 设函数 $f(u,v)$ 可微分,隐函数 $z=z(x,y)$ 由方程$(x+1)z-y^2=x^2f(x-z,y)$ 所确定,则 $dz\Big|_{(0,1)}=$ ________;

(11) 设函数$f(x,y)$具有连续的偏导数,且$df(x,y)=ye^y dx+x(1+y)e^y dy, f(0,0)=0$, 则 $f(x,y)=$ ________.

3. 设函数 $y=f(u,v)$ 具有二阶连续偏导数,且满足$\dfrac{\partial^2 f}{\partial u^2}+\dfrac{\partial^2 f}{\partial v^2}=1$,又函数

$$g(x,y)=f\left[xy,\frac{1}{2}(x^2-y^2)\right],$$

求 $\dfrac{\partial^2 g}{\partial x^2}+\dfrac{\partial^2 g}{\partial y^2}$.

4. 设函数 $f(u)$ 具有二阶连续导数, 且函数 $g(x,y)=f\left(\dfrac{y}{x}\right)+yf\left(\dfrac{x}{y}\right)$, 求

$$x^2\frac{\partial^2 g}{\partial x^2}-y^2\frac{\partial^2 g}{\partial y^2}.$$

5. 设函数 $f(x,y)=\dfrac{y}{1+xy}-\dfrac{1-y\sin\frac{\pi x}{y}}{\arctan x}$, $x>0$, $y>0$, 求:

(1) $g(x)=\lim\limits_{y\to+\infty}f(x,y)$;

(2) $\lim\limits_{x\to0^+}g(x)$.

6. 设 $z=z(x,y)$ 是由方程 $x^2+y^2-z=\varphi(x+y+z)$ 所确定的函数,其中 φ 具有二阶导数且 $\varphi'\neq-1$.

(1) 求 $\mathrm{d}z$；

(2) 记函数 $u(x,y)=\dfrac{1}{x-y}\left(\dfrac{\partial z}{\partial x}-\dfrac{\partial z}{\partial y}\right)$，求$\dfrac{\partial u}{\partial x}$.

7. 求二元函数 $f(x,y)=x^2(2+y^2)+y\ln y$ 的极值.

8. 求函数 $u=xy+2yz$ 在约束条件 $x^2+y^2+z^2=10$ 下的最大值和最小值.

9. 已知函数 $f(u,v)$ 具有二阶连续偏导数，$f(1,1)=2$ 是 $f(u,v)$ 的极值，又函数 $z=f[x+y,f(x,y)]$，求$\left.\dfrac{\partial^2 z}{\partial x\partial y}\right|_{(1,1)}$.

10. 某企业生产甲、乙两种产品，投入的固定成本为10 000万元，设该企业生产甲、乙两种产品的产量(单位:件)分别为 x 和 y，且甲、乙两种产品的边际成本分别为 $20+0.5x$(万元/件)与 $6+y$(万元/件). 求：

(1) 生产甲、乙两种产品的成本函数(单位:万元)$C(x,y)$；

(2) 若总产量为50件，则当甲、乙两种产品的产量各为多少时，可以使成本最小？并求最小成本；

(3) 当总产量为50件且成本最小时，甲产品的边际成本，并解释其经济意义.

11. 设函数

$$f(x)=\int_0^1 |t^2-x^2|\,\mathrm{d}t\quad (x>0),$$

求 $f'(x)$ 及 $f(x)$ 的最小值.

12. 将长为2 m的铁丝分成三段，依次围成圆、正方向与正三角形，三个图形的面积之和是否存在最小值？若存在，求出最小值.

第八章 多元函数积分学

本章导学

在一元函数积分学中我们已经知道,定积分是某种特定形式的和式的极限.本章我们把定积分的概念推广到定义在某个平面区域上的二元函数的情形,建立二重积分的概念,并讨论它的计算方法.通过本章的学习要达到:(1) 理解二重积分的定义,了解二重积分的性质;(2) 熟练掌握二重积分的计算方法(直角坐标系和极坐标系),并能应用二重积分求空间立体的体积、平面薄片的质量及平均利润等.

问题背景

在实际问题中,经常需要计算空间立体的体积,如何求得顶面为连续曲面、底面为平面的曲顶柱体的体积呢?这就需要用到二重积分.二重积分还可以求平面薄片的质量、平均利润等.

第一节 二重积分的概念与性质

一、二重积分的概念

由上册第五章可知,定积分是一种特定形式的和式的极限,把这种形式的极限推广到二元函数的情形,便可得到二重积分的概念.

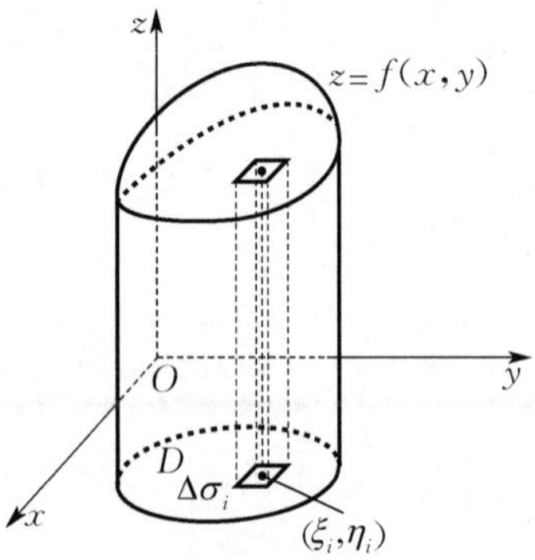

定积分的定义是由计算曲边梯形面积的问题引出的,类似地,我们先来讨论如何求曲顶柱体的体积问题,以便引出二重积分的定义.

设 $z=f(x,y)$ 是定义在有界闭区域 D 上非负且连续的函数,它的图形是 xOy 平面上方的一个连续曲面.现在来求以曲面 $z=f(x,y)$ 为顶,底面为闭区域 D,而母线平行于 z 轴的曲顶柱体的体积 V(见图 8-1).

图 8-1

我们知道

$$\text{平顶柱体的体积} = \text{底面积} \times \text{高},$$

但曲顶柱体的体积不能直接使用上述公式计算. 仿照求曲边梯形面积的方法，可以按以下步骤来求上述曲顶柱体的体积：

（1）**分割**：将闭区域 D 任意分割成 n 个小闭区域 $\Delta\sigma_1, \Delta\sigma_2, \cdots, \Delta\sigma_n$. 第 i 个小闭区域的面积仍记作 $\Delta\sigma_i (i = 1, 2, \cdots, n)$. 过每个小闭区域 $\Delta\sigma_i$ 的边界作母线平行于 z 轴的柱面，于是曲顶柱体就相应地被分割为 n 个小曲顶柱体，第 i 个小曲顶柱体的体积记作 ΔV_i.

（2）**近似代替**：在 $\Delta\sigma_i$ 上任取一点 (ξ_i, η_i)，则以 $f(\xi_i, \eta_i)$ 为高，$\Delta\sigma_i$ 为底的平顶柱体的体积为 $f(\xi_i, \eta_i)\Delta\sigma_i$. 把它作为第 i 个小曲顶柱体体积的近似值，即

$$\Delta V_i \approx f(\xi_i, \eta_i)\Delta\sigma_i \quad (i = 1, 2, \cdots, n).$$

（3）**求和**：把 n 个小曲顶柱体体积的近似值相加，得到所求曲顶柱体体积的近似值，即

$$V = \sum_{i=1}^{n} \Delta V_i \approx \sum_{i=1}^{n} f(\xi_i, \eta_i)\Delta\sigma_i.$$

（4）**取极限**：分割越细，所有小曲顶柱体体积的近似值之和就越接近于所求曲顶柱体的体积. 设小闭区域 $\Delta\sigma_i$ 内任意两点间距离的最大值为 d_i，称为区域 $\Delta\sigma_i$ 的直径，并记 $d = \max\limits_{1 \leqslant i \leqslant n}\{d_i\}$. 于是，当分割无限细密，即 $d \to 0$ 时，上述和式的极限就是所求曲顶柱体的体积，即

$$V = \lim_{d \to 0} \sum_{i=1}^{n} f(\xi_i, \eta_i)\Delta\sigma_i.$$

许多实际问题，如不均匀平面薄板的质量等，都可用类似的方法求得，且都表示为上面形式的和式的极限. 将这种和式的极限加以归纳，即可抽象出二重积分的定义.

定义 1　设 $f(x, y)$ 是有界闭区域 D 上的有界函数. 将闭区域 D 任意分成 n 个小闭区域

$$\Delta\sigma_1, \quad \Delta\sigma_2, \quad \cdots, \quad \Delta\sigma_n,$$

其中第 i 个小闭区域 $\Delta\sigma_i$ 的面积仍记作 $\Delta\sigma_i (i = 1, 2, \cdots, n)$. 在 $\Delta\sigma_i (i = 1, 2, \cdots, n)$ 上任取一点 (ξ_i, η_i)，做乘积 $f(\xi_i, \eta_i)\Delta\sigma_i$ 及和式 $\sum\limits_{i=1}^{n} f(\xi_i, \eta_i)\Delta\sigma_i$，记 $d = \max\limits_{1 \leqslant i \leqslant n}\{d_i\}$，其中 d_i 为小闭区域 $\Delta\sigma_i$ 的直径. 如果当 $d \to 0$ 时，和式 $\sum\limits_{i=1}^{n} f(\xi_i, \eta_i)\Delta\sigma_i$ 的极限存在，且与闭区域 D 的分法及点 (ξ_i, η_i) 的取法无关，那么称这个极限为函数 $f(x, y)$ 在闭区域 D 上的**二重积分**，并称函数 $f(x, y)$ 在闭区域 D 上**可积**，记作 $\iint\limits_{D} f(x, y)\mathrm{d}\sigma$，即

$$\iint\limits_{D} f(x, y)\mathrm{d}\sigma = \lim_{d \to 0} \sum_{i=1}^{n} f(\xi_i, \eta_i)\Delta\sigma_i,$$

其中 $f(x, y)$ 称为**被积函数**，$f(x, y)\mathrm{d}\sigma$ 称为**被积表达式**，$\mathrm{d}\sigma$ 称为**面积元素**，x 和 y 称为**积分变量**，D 称为**积分区域**，$\sum\limits_{i=1}^{n} f(\xi_i, \eta_i)\Delta\sigma_i$ 称为**积分和**.

在定义 1 中对闭区域 D 的划分是任意的，从而在直角坐标系中，若以平行于坐标轴的直线来分割闭区域 D，则除包含边界点的一些小闭区域外，其余的小闭区域均为矩形闭区域. 设矩形闭区域 $\Delta\sigma_i$ 的边长为 $\Delta x_i, \Delta y_i$，则 $\Delta\sigma_i = \Delta x_i \Delta y_i$. 于是，在**直角坐标系中的面积元素**记作

$$\mathrm{d}\sigma = \mathrm{d}x\mathrm{d}y,$$

而把二重积分记作

$$\iint\limits_{D} f(x, y)\mathrm{d}\sigma = \iint\limits_{D} f(x, y)\mathrm{d}x\mathrm{d}y.$$

二重积分的几何意义：如果函数 $z=f(x,y)$ 在有界闭区域 D 上非负且连续，则 $\iint\limits_D f(x,y)\mathrm{d}\sigma$ 就等于以曲面 $z=f(x,y)$ 为顶，闭区域 D 为底的曲顶柱体的体积 V，即

$$\iint\limits_D f(x,y)\mathrm{d}\sigma=V.$$

思考 若被积函数 $f(x,y)\equiv 1$，则 $\iint\limits_D \mathrm{d}\sigma$ 表示什么？

注 如果函数 $z=f(x,y)$ 在有界闭区域 D 上连续，则 $z=f(x,y)$ 在 D 上可积. 以后我们总假定被积函数在积分区域上连续.

二、二重积分的性质

由二重积分的定义可得，二重积分具有与定积分类似的性质(证明从略).

性质 1 常数因子可提到积分号的外面，即

$$\iint\limits_D kf(x,y)\mathrm{d}\sigma=k\iint\limits_D f(x,y)\mathrm{d}\sigma \quad (k\text{ 为常数}).$$

性质 2 函数的和(或差)的二重积分等于各个函数的二重积分的和(或差)，即

$$\iint\limits_D [f(x,y)\pm g(x,y)]\mathrm{d}\sigma=\iint\limits_D f(x,y)\mathrm{d}\sigma\pm\iint\limits_D g(x,y)\mathrm{d}\sigma.$$

这个性质可以推广到任意有限多个函数和(或差)的情形.

性质 3 如果在有界闭区域 D 上被积函数 $f(x,y)\equiv 1$，A 为 D 的面积，则

$$\iint\limits_D \mathrm{d}\sigma=A.$$

这个性质的几何意义很明显，高为 1 的平顶柱体的体积在数值上就等于平顶柱体的底面积，如图 8-2 所示.

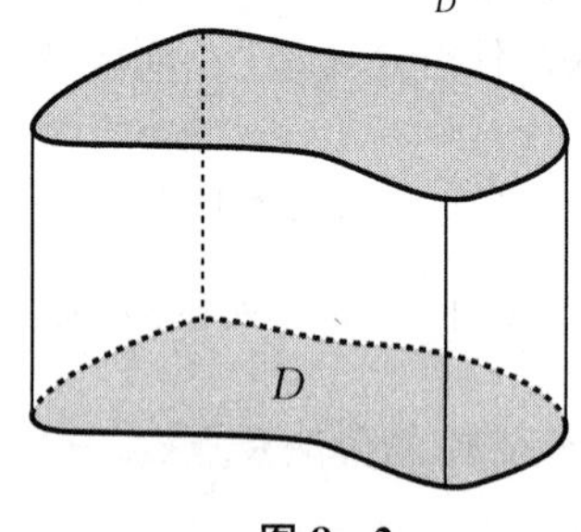

图 8-2

性质 4(二重积分的可加性) 如果有界闭区域 D 被分为 D_1，D_2 两个部分有界闭区域，则

$$\iint\limits_D f(x,y)\mathrm{d}\sigma=\iint\limits_{D_1} f(x,y)\mathrm{d}\sigma+\iint\limits_{D_2} f(x,y)\mathrm{d}\sigma.$$

性质 5 如果在有界闭区域 D 上总有 $f(x,y)\leqslant g(x,y)$，则

$$\iint\limits_D f(x,y)\mathrm{d}\sigma\leqslant\iint\limits_D g(x,y)\mathrm{d}\sigma.$$

推论 1 如果在有界闭区域 D 上 $f(x,y)\geqslant 0$，则 $\iint\limits_D f(x,y)\mathrm{d}\sigma\geqslant 0$.

性质 6 设 M 和 m 分别是函数 $f(x,y)$ 在有界闭区域 D 上的最大值和最小值，A 是 D 的面积，则

$$mA\leqslant\iint\limits_D f(x,y)\mathrm{d}\sigma\leqslant MA.$$

性质 7(二重积分的中值定理)　如果函数 $f(x,y)$ 在有界闭区域 D 上连续,A 是 D 的面积,则在 D 上至少存在一点 (ξ,η),使得

$$\iint_D f(x,y)\mathrm{d}\sigma = f(\xi,\eta)A.$$

二重积分的中值定理的几何意义:在有界闭区域 D 上以曲面 $z=f(x,y)(z\geqslant 0)$ 为顶的曲顶柱体的体积,等于以该区域上某点 (ξ,η) 处的函数值 $f(\xi,\eta)$ 为高的平顶柱体的体积(见图 8-3).

由上式得

$$f(\xi,\eta)=\frac{1}{A}\iint_D f(x,y)\mathrm{d}\sigma. \qquad (8-1-1)$$

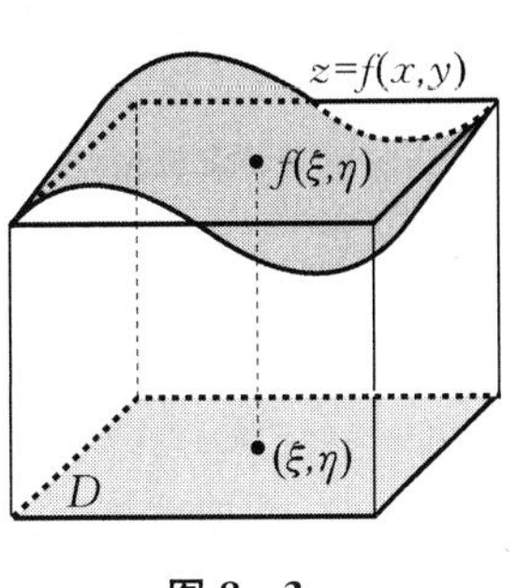

图 8-3

这就是二元函数 $f(x,y)$ 在区域 D 上的平均值.

例 1　设二重积分 $I_1=\iint_{D_1}(2-x^2-y^2)\mathrm{d}\sigma$,其中 D_1 是圆域 $\{(x,y)\mid x^2+y^2\leqslant 2\}$;二重积分 $I_2=\iint_{D_2}(2-x^2-y^2)\mathrm{d}\sigma$,其中 D_2 是圆 $x^2+y^2=2$ 所围成的在第一象限的部分. 试利用二重积分的几何意义说明 I_1 与 I_2 之间的关系.

图 8-4

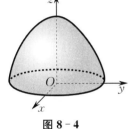

解　曲面 $z=2-x^2-y^2$ 是旋转抛物面(见图 8-4). 根据二重积分的几何意义可知,I_1,I_2 分别是以旋转抛物面 $z=2-x^2-y^2$ 为顶,以 D_1 和 D_2 为底的曲顶柱体的体积,利用对称性可得 $I_1=4I_2$.

例 2　根据二重积分的性质,比较下列二重积分的大小:

$$\iint_D\left[\ln\left(x+\frac{y}{2}\right)\right]^2\mathrm{d}\sigma \quad 与 \quad \iint_D\left[\ln\left(x+\frac{y}{2}\right)\right]^3\mathrm{d}\sigma,$$

其中 D 是以 $A(1,0)$,$B(1,2)$,$C(0,2)$ 为顶点的三角形闭区域.

解　闭区域 D 是如图 8-5 所示的三角形 ABC,AC 边的方程是 $x+\frac{y}{2}=1$,对于 D 中任意一点 (x,y),都有

$$1\leqslant x+\frac{y}{2}\leqslant 2.$$

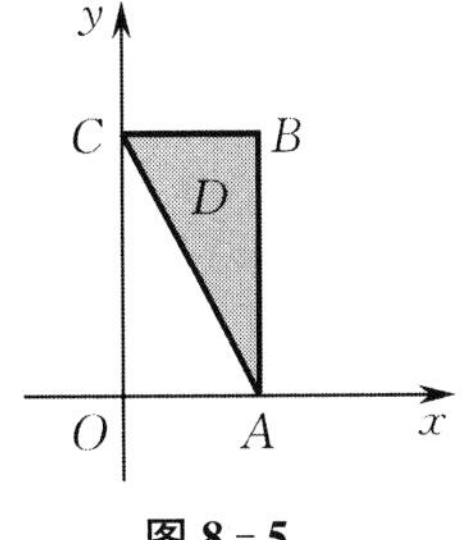

图 8-5

对上式取对数,有

$$0\leqslant \ln\left(x+\frac{y}{2}\right)\leqslant \ln 2<\ln \mathrm{e},$$

从而 $0\leqslant \ln\left(x+\frac{y}{2}\right)<1$,故

$$\left[\ln\left(x+\frac{y}{2}\right)\right]^2\geqslant\left[\ln\left(x+\frac{y}{2}\right)\right]^3.$$

根据二重积分的性质 5,有

$$\iint_D\left[\ln\left(x+\frac{y}{2}\right)\right]^2\mathrm{d}\sigma\geqslant\iint_D\left[\ln\left(x+\frac{y}{2}\right)\right]^3\mathrm{d}\sigma.$$

小结

二重积分是定积分概念的推广,是某种特定形式的和式的极限,在几何上可以理解为曲顶柱体的体积.比较定积分与二重积分的定义,容易得到二重积分的七个性质.

应用导学

根据二重积分的定义可以对少数特别简单的被积函数和积分区域来计算二重积分.此外,根据性质1～性质4,可以简化二重积分的计算;根据二重积分的几何意义,可以利用一些特殊的立体的体积,求得一些二重积分的值;根据性质5,可以比较两个二重积分的大小;根据性质6,可以估计二重积分值的范围;根据性质7,可以计算被积函数在积分区域上的平均值.

习题 8-1

1. 有一个圆柱形雕塑作品,底是圆域 $D=\{(x,y)\mid x^2+y^2\leqslant 1\}$,顶是球面 $z=10+\sqrt{1-x^2-y^2}$,制作时需要知道其体积,试用二重积分表示其体积 V.

2. 画图说明下列二重积分的几何意义,并求出其值:

(1) $\iint\limits_D k\,\mathrm{d}\sigma$,其中 D 是由直线 $y=x-1,y=-x+1$ 及 y 轴所围成的三角形闭区域,$k>0$ 为常数;

(2) $\iint\limits_D \sqrt{a^2-x^2-y^2}\,\mathrm{d}\sigma$,其中 $D=\{(x,y)\mid x^2+y^2\leqslant a^2(a>0)\}$.

3. 设二重积分 $I_1=\iint\limits_{D_1}(x^2+y^2)^3\mathrm{d}\sigma$,其中 $D_1=\{(x,y)\mid -2\leqslant x\leqslant 2,-1\leqslant y\leqslant 1\}$;二重积分 $I_2=\iint\limits_{D_2}(x^2+y^2)^3\mathrm{d}\sigma$,其中 $D_2=\{(x,y)\mid 0\leqslant x\leqslant 2,0\leqslant y\leqslant 1\}$.试利用二重积分的几何意义说明 I_1 与 I_2 之间的关系.

4. 根据二重积分的性质,比较下列各组二重积分的大小:

(1) $\iint\limits_D(x+y)^2\mathrm{d}\sigma$ 与 $\iint\limits_D(x+y)^3\mathrm{d}\sigma$,其中 D 是由 x 轴、y 轴及直线 $x+y=1$ 所围成的闭区域;

(2) $\iint\limits_D(x+y)^2\mathrm{d}\sigma$ 与 $\iint\limits_D(x+y)^3\mathrm{d}\sigma$,其中 D 是由圆周 $(x-2)^2+(y-1)^2=2$ 所围成的闭区域;

(3) $\iint\limits_D\ln(x+y)\mathrm{d}\sigma$ 与 $\iint\limits_D[\ln(x+y)]^2\mathrm{d}\sigma$,其中 D 是以 $A(1,0),B(1,1),C(2,0)$ 为顶点的三角形闭区域;

(4) $\iint\limits_D\ln(x+y)\mathrm{d}\sigma$ 与 $\iint\limits_D[\ln(x+y)]^2\mathrm{d}\sigma$,其中 D 是由 $3\leqslant x\leqslant 5,0\leqslant y\leqslant 1$ 所围成的闭区域.

5. 利用二重积分的性质估计下列二重积分的值:

(1) $I_1=\iint\limits_D xy(x+y)\mathrm{d}\sigma$,其中 $D=\{(x,y)\mid 0\leqslant x\leqslant 1,0\leqslant y\leqslant 1\}$;

(2) $I_2=\iint\limits_D (x+1)^y \mathrm{d}\sigma$,其中 $D=\{(x,y)\mid 0\leqslant x\leqslant 2,0\leqslant y\leqslant 2\}$;

(3) $I_3=\iint\limits_D (x^2+4y^2+9)\mathrm{d}\sigma$,其中 $D=\{(x,y)\mid x^2+y^2\leqslant 4\}$;

(4) $I_4=\iint\limits_D \sin^2 x\sin^2 y\mathrm{d}\sigma$,其中 $D=\{(x,y)\mid 0\leqslant x\leqslant \pi,0\leqslant y\leqslant \pi\}$.

6. 利用二重积分的定义证明:

(1) $\iint\limits_D kf(x,y)\mathrm{d}\sigma=k\iint\limits_D f(x,y)\mathrm{d}\sigma$,其中 k 为常数;

(2) $\iint\limits_D [f(x,y)\pm g(x,y)]\mathrm{d}\sigma=\iint\limits_D f(x,y)\mathrm{d}\sigma\pm\iint\limits_D g(x,y)\mathrm{d}\sigma$;

(3) $\iint\limits_D \mathrm{d}\sigma=A$,其中 A 为 D 的面积.

7. 设有一个平面薄板(不计其厚度),占有 xOy 平面上的区域 D,薄板上分布有面密度为 $\mu=\mu(x,y)$ 的电荷,且 $\mu(x,y)$ 在 D 上连续,试用二重积分表示该平面薄板上的全部电荷 Q.

第二节 二重积分的计算

根据二重积分,一些几何学、物理学和经济学上的量可以表示成二重积分,只要二重积分可以计算,这些问题便迎刃而解.那么,如何计算二重积分呢?显然,用二重积分的定义来计算是很困难的,能不能利用我们已经熟悉了的定积分来计算二重积分呢?答案是肯定的.二重积分的计算可以转化为计算两次定积分(也称为**二次积分**).下面分别介绍利用直角坐标系和极坐标系计算二重积分的方法.

一、利用直角坐标系计算二重积分

如图 8-6 所示的有界闭区域 D 称为 **X 型区域**,它的特点是穿过区域内部,且垂直于 x 轴的直线与区域边界相交不多于两点.将 D 往 x 轴上投影,D 上点的横坐标的变化区间为 $[a,b]$,在区间 $[a,b]$ 上任取一点 x,过这点作垂直于 x 轴的直线,与 D 的边界交于两点,这两点的纵坐标分别为 $\varphi_1(x)$ 和 $\varphi_2(x)$,则区域 D 可用不等式组表示为

$$a\leqslant x\leqslant b,\quad \varphi_1(x)\leqslant y\leqslant \varphi_2(x). \tag{8-2-1}$$

图 8-6

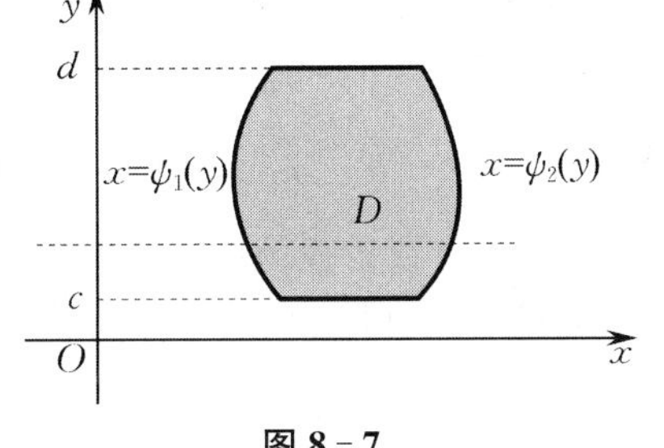

图 8-7

如图 8-7 所示的有界闭区域 D 称为 Y **型区域**,它的特点是穿过区域内部,且垂直于 y 轴的直线与区域边界相交不多于两点. 将 D 往 y 轴上投影,D 上点的纵坐标的变化区间为 $[c,d]$,在区间 $[c,d]$ 上任取一点 y,过这点作垂直于 y 轴的直线,与 D 的边界交于两点,这两点的横坐标分别为 $\psi_1(y)$ 和 $\psi_2(y)$,则区域 D 可用不等式组表示为

$$c \leqslant y \leqslant d,\quad \psi_1(y) \leqslant x \leqslant \psi_2(y). \tag{8-2-2}$$

假设函数 $z=f(x,y)$ 在 D 上非负且连续,D 为 X 型区域. 根据二重积分的几何意义,$\iint\limits_D f(x,y)\mathrm{d}\sigma$ 的值等于 D 上以曲面 $z=f(x,y)$ 为顶的曲顶柱体的体积 V,计算二重积分的值,即是求该曲顶柱体的体积. 回顾上册第五章用定积分计算立体体积的问题:已知垂直于 x 轴的平面与一个立体相截所得的平行截面的面积为 $A(x)$ $(a \leqslant x \leqslant b)$,则该立体的体积为$V=\int_a^b A(x)\mathrm{d}x$. 于是,在区间$[a,b]$上任取一点 x,作垂直于 x 轴的平面去截曲顶柱体,其截面是一个曲边梯形(见图 8-8). 曲边梯形的曲边是 $z=f(x,y)$(这里暂把 x 当作常数),底边为区间$[\varphi_1(x),\varphi_2(x)]$,因此曲边梯形的面积为 $A(x)=\int_{\varphi_1(x)}^{\varphi_2(x)} f(x,y)\mathrm{d}y$,则曲顶柱体的体积为

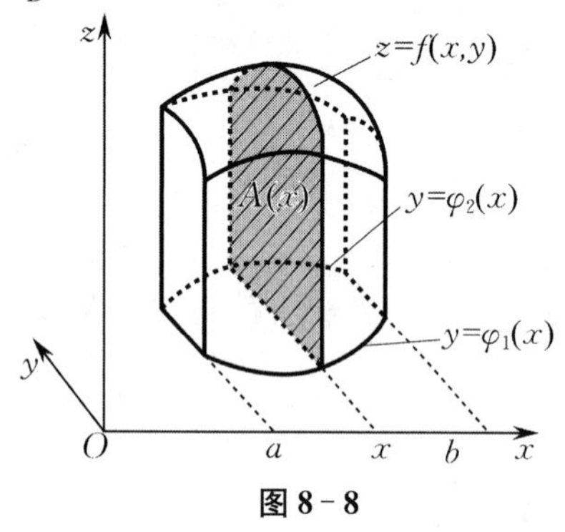

图 8-8

$$V=\int_a^b A(x)\mathrm{d}x=\int_a^b\left[\int_{\varphi_1(x)}^{\varphi_2(x)} f(x,y)\mathrm{d}y\right]\mathrm{d}x,$$

从而有

$$\iint\limits_D f(x,y)\mathrm{d}\sigma=\int_a^b\left[\int_{\varphi_1(x)}^{\varphi_2(x)} f(x,y)\mathrm{d}y\right]\mathrm{d}x.$$

上式右端为先对 y 后对 x 的二次积分,习惯上记作

$$\iint\limits_D f(x,y)\mathrm{d}\sigma=\int_a^b \mathrm{d}x\int_{\varphi_1(x)}^{\varphi_2(x)} f(x,y)\mathrm{d}y. \tag{8-2-3}$$

实际上,去掉 $f(x,y)\geqslant 0$ 的限制,(8-2-3) 式同样成立.

类似可得,若函数 $f(x,y)$ 在 D 上连续,D 为 Y 型区域$\{(x,y)\mid c\leqslant y\leqslant d,\psi_1(y)\leqslant x\leqslant \psi_2(y)\}$,则

$$\iint\limits_D f(x,y)\mathrm{d}\sigma=\int_c^d \mathrm{d}y\int_{\psi_1(y)}^{\psi_2(y)} f(x,y)\mathrm{d}x. \tag{8-2-4}$$

(8-2-4) 式右端为先对 x 后对 y 的二次积分.

特别地,如果积分区域既不是 X 型区域也不是 Y 型区域,那么应该把它分成若干个小区域,使得每个小区域是 X 型区域或 Y 型区域,然后再应用上述公式及二重积分的可加性来进行计算.

例 1 计算二重积分 $\iint\limits_D(5x-4y)\mathrm{d}\sigma$,其中 D 是由直线 $x=2,y=1$ 及 $y=x$ 所围成的闭区域.

解 画出积分区域 D,如图 8-9 所示.

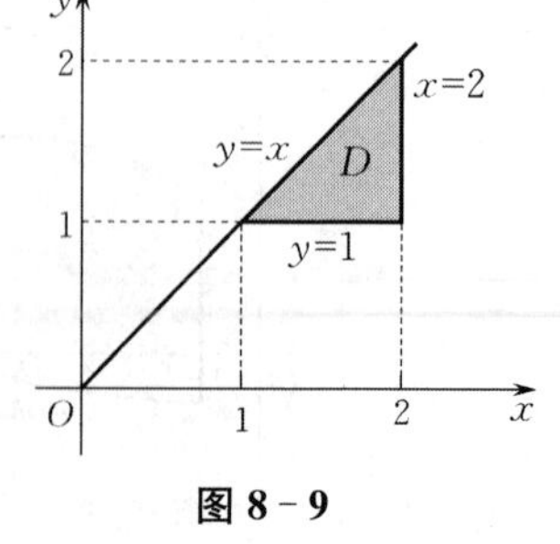

图 8-9

方法 1 D 是 X 型区域,用不等式组表示为

$$1 \leqslant x \leqslant 2, \quad 1 \leqslant y \leqslant x.$$

于是

$$\iint_D (5x-4y)\mathrm{d}\sigma = \int_1^2 \mathrm{d}x \int_1^x (5x-4y)\mathrm{d}y = \int_1^2 (5xy-2y^2)\Big|_1^x \mathrm{d}x$$

$$= \int_1^2 (3x^2-5x+2)\mathrm{d}x = \left(x^3 - \frac{5}{2}x^2 + 2x\right)\Big|_1^2 = \frac{3}{2}.$$

方法 2　D 是 Y 型区域,用不等式组表示为

$$1 \leqslant y \leqslant 2, \quad y \leqslant x \leqslant 2.$$

于是

$$\iint_D (5x-4y)\mathrm{d}\sigma = \int_1^2 \mathrm{d}y \int_y^2 (5x-4y)\mathrm{d}x = \int_1^2 \left(\frac{5}{2}x^2 - 4xy\right)\Big|_y^2 \mathrm{d}y$$

$$= \int_1^2 \left(10 - 8y + \frac{3}{2}y^2\right)\mathrm{d}y = \left(10y - 4y^2 + \frac{1}{2}y^3\right)\Big|_1^2 = \frac{3}{2}.$$

例 2　计算二重积分 $\iint\limits_D xy\,\mathrm{d}x\mathrm{d}y$,其中 D 是由抛物线 $y^2=x$ 和直线 $y=x-2$ 所围成的闭区域.

解　画出积分区域 D,如图 8－10 所示,它既是 X 型区域也是 Y 型区域. 抛物线与直线有两个交点 $(1,-1)$ 和 $(4,2)$. 若按 X 型区域计算,由于交点 $(1,-1)$ 两端的下边界的方程不同,因此要用经过该点且垂直于 x 轴的直线把 D 分成两部分 D_1 和 D_2,其中

$$D_1: 0 \leqslant x \leqslant 1, -\sqrt{x} \leqslant y \leqslant \sqrt{x},$$

$$D_2: 1 \leqslant x \leqslant 4, x-2 \leqslant y \leqslant \sqrt{x}.$$

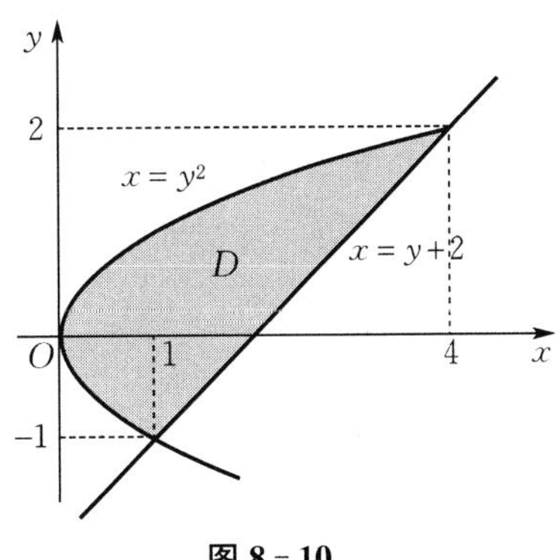

图 8－10

于是

$$\iint_D xy\,\mathrm{d}x\mathrm{d}y = \iint_{D_1} xy\,\mathrm{d}x\mathrm{d}y + \iint_{D_2} xy\,\mathrm{d}x\mathrm{d}y$$

$$= \int_0^1 \mathrm{d}x \int_{-\sqrt{x}}^{\sqrt{x}} xy\,\mathrm{d}y + \int_1^4 \mathrm{d}x \int_{x-2}^{\sqrt{x}} xy\,\mathrm{d}y.$$

若按 Y 型区域计算,则

$$D: -1 \leqslant y \leqslant 2, y^2 \leqslant x \leqslant y+2.$$

于是

$$\iint_D xy\,\mathrm{d}x\mathrm{d}y = \int_{-1}^2 \mathrm{d}y \int_{y^2}^{y+2} xy\,\mathrm{d}x = \int_{-1}^2 \left(\frac{x^2 y}{2}\right)\Big|_{y^2}^{y+2} \mathrm{d}y$$

$$= \frac{1}{2}\int_{-1}^2 (y^3 + 4y^2 + 4y - y^5)\mathrm{d}y$$

$$= \frac{1}{2}\left(\frac{y^4}{4} + \frac{4}{3}y^3 + 2y^2 - \frac{y^6}{6}\right)\Big|_{-1}^2 = \frac{45}{8}.$$

注　例 2 说明,有时需要根据被积函数的特点,选择适当的积分次序以方便计算.

例 3　把二次积分 $\int_0^1 \mathrm{d}x \int_0^x f(x,y)\mathrm{d}y + \int_1^2 \mathrm{d}x \int_0^{2-x} f(x,y)\mathrm{d}y$ 化为先对 x 后对 y 的二

次积分.

解 交换积分次序的步骤是先根据所给二次积分的上下限写出积分区域,画出积分区域的图形,然后变换积分区域类型,最后写出积分区域新的不等式组和二次积分.

二次积分第一项的积分区域为

$$D_1=\{(x,y)\mid 0\leqslant x\leqslant 1,0\leqslant y\leqslant x\},$$

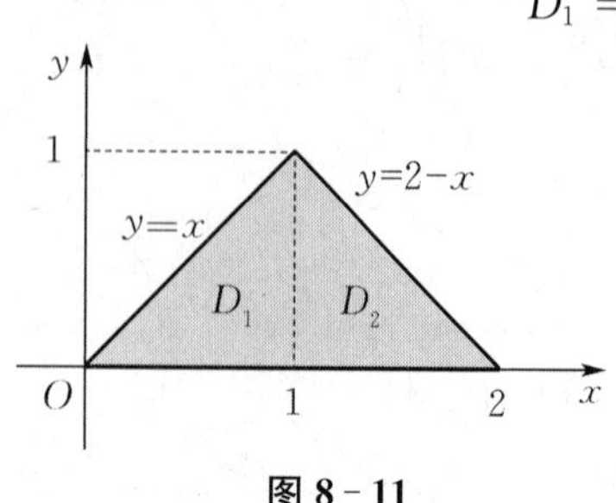

图 8-11

它是由直线 $y=x,x=1$ 及 x 轴所围成的闭区域.

二次积分第二项的积分区域为

$$D_2=\{(x,y)\mid 1\leqslant x\leqslant 2,0\leqslant y\leqslant 2-x\},$$

它是由直线 $y=2-x,x=1$ 及 x 轴所围成的闭区域.

如图 8-11 所示,D_1 和 D_2 合并起来作为 Y 型区域,可用不等式组表示为

$$D:0\leqslant y\leqslant 1,y\leqslant x\leqslant 2-y,$$

所以有

$$\int_0^1\mathrm{d}x\int_0^x f(x,y)\mathrm{d}y+\int_1^2\mathrm{d}x\int_0^{2-x}f(x,y)\mathrm{d}y=\int_0^1\mathrm{d}y\int_y^{2-y}f(x,y)\mathrm{d}x.$$

例 4 某城市地理分布呈直角三角形,斜边为一条河. 若以两直角边为坐标轴建立直角坐标系,则位于 x 轴和 y 轴上的城市长度分别为 16 km 和 12 km,且税收情况与地理位置的关系近似为

$$R(x,y)=20x+10y\ (\text{万元/km}^2),$$

试计算该城市总的税收收入.

解 可用二重积分计算,其中斜边方程为 $\dfrac{x}{16}+\dfrac{y}{12}=1$,积分区域为

$$D=\left\{(x,y)\middle|\,0\leqslant x\leqslant 16,0\leqslant y\leqslant 12-\frac{3}{4}x\right\}.$$

于是,所求总的税收收入为

$$\begin{aligned}\iint\limits_D R(x,y)\mathrm{d}x\mathrm{d}y&=\int_0^{16}\mathrm{d}x\int_0^{12-\frac{3}{4}x}(20x+10y)\mathrm{d}y\\&=\int_0^{16}\left(720+150x-\frac{195}{16}x^2\right)\mathrm{d}x=14\ 080\ (\text{万元}).\end{aligned}$$

二、利用极坐标系计算二重积分

有些二重积分用直角坐标系计算很困难,而用极坐标系来计算则比较容易. 下面我们先来考察在极坐标系下二重积分的形式.

在平面解析几何中,我们知道平面上任意一点的直角坐标 (x,y) 与它的极坐标 (ρ,θ) 之间(见图 8-12)有如下关系:

$$\begin{cases}x=\rho\cos\theta,\\y=\rho\sin\theta.\end{cases}\tag{8-2-5}$$

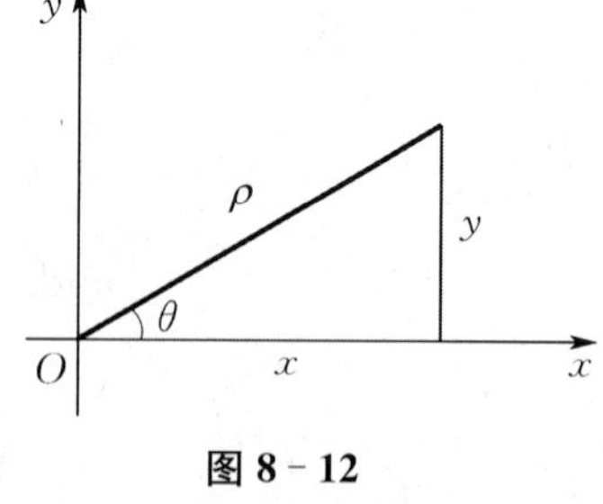

图 8-12

设通过极点 O 的射线与有界闭区域 D 的边界的交点不多于两点,用一族圆心在原点的同心圆 $\rho=$ 常数,以及从极点出发的一族射线 $\theta=$ 常数,将闭区域 D 分成 n 个小闭区域. 设 $\Delta\sigma$ 是从 ρ 到 $\rho+\Delta\rho$ 和从 θ 到 $\theta+\Delta\theta$ 之间的小闭区域(见图 8-13),则由扇形的面积公式得

$$\Delta\sigma=\frac{1}{2}(\rho+\Delta\rho)^2\Delta\theta-\frac{1}{2}\rho^2\Delta\theta$$

$$=\rho\Delta\rho\Delta\theta+\frac{1}{2}(\Delta\rho)^2\Delta\theta\approx\rho\Delta\rho\Delta\theta.$$

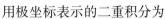

于是，在极坐标系中的面积元素为

$$\mathrm{d}\sigma=\rho\mathrm{d}\rho\mathrm{d}\theta,\tag{8-2-6}$$

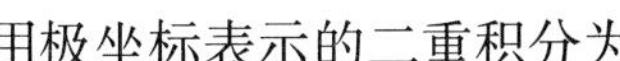

用极坐标表示的二重积分为

$$\iint\limits_D f(x,y)\mathrm{d}\sigma=\iint\limits_D f(\rho\cos\theta,\rho\sin\theta)\rho\mathrm{d}\rho\mathrm{d}\theta.\tag{8-2-7}$$

图 8-13

利用极坐标系计算二重积分同样要将它化为二次积分，下面分三种情况进行讨论：

(1) 极点 O 在积分区域 D 的外部(见图 8-14).

设积分区域 D 在两条射线 $\theta=\alpha$ 与 $\theta=\beta$ 之间，这两条射线与 D 的边界的交点把 D 的边界分成两部分 $\rho=\varphi_1(\theta)$，$\rho=\varphi_2(\theta)$，这时 D 可用不等式组表示为

$$\alpha\leqslant\theta\leqslant\beta,\quad \varphi_1(\theta)\leqslant\rho\leqslant\varphi_2(\theta).$$

于是，二重积分化为二次积分有

$$\iint\limits_D f(\rho\cos\theta,\rho\sin\theta)\rho\mathrm{d}\rho\mathrm{d}\theta=\int_\alpha^\beta\mathrm{d}\theta\int_{\varphi_1(\theta)}^{\varphi_2(\theta)}f(\rho\cos\theta,\rho\sin\theta)\rho\mathrm{d}\rho.\tag{8-2-8}$$

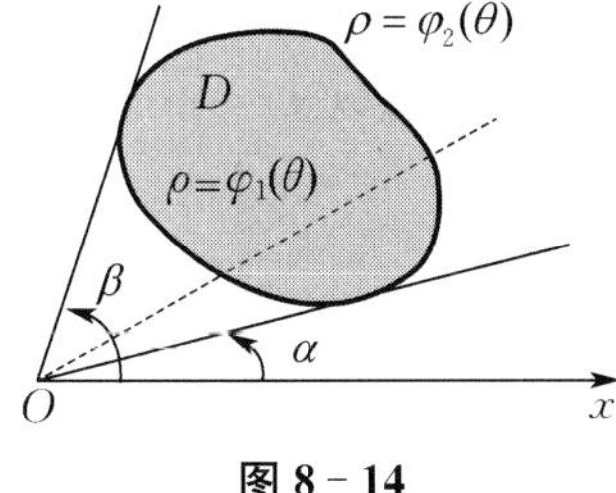

图 8-14

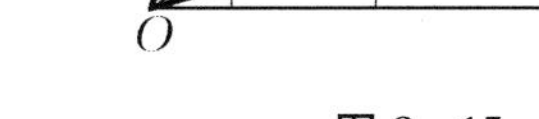

图 8-15

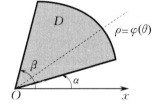

(2) 极点 O 在积分区域 D 的边界上(见图 8-15).

设积分区域 D 的边界方程为 $\rho=\varphi(\theta)$，这时 D 可用不等式组表示为

$$\alpha\leqslant\theta\leqslant\beta,\quad 0\leqslant\rho\leqslant\varphi(\theta).$$

于是，二重积分化为二次积分有

$$\iint\limits_D f(\rho\cos\theta,\rho\sin\theta)\rho\mathrm{d}\rho\mathrm{d}\theta=\int_\alpha^\beta\mathrm{d}\theta\int_0^{\varphi(\theta)}f(\rho\cos\theta,\rho\sin\theta)\rho\mathrm{d}\rho.\tag{8-2-9}$$

显然，情况(2) 可看作情况(1) 的特例.

(3) 极点 O 在积分区域 D 的内部(见图 8-16).

设积分区域 D 的边界方程为 $\rho=\varphi(\theta)$，这时 D 可用不等式组表示为

$$0\leqslant\theta\leqslant2\pi,\quad 0\leqslant\rho\leqslant\varphi(\theta).$$

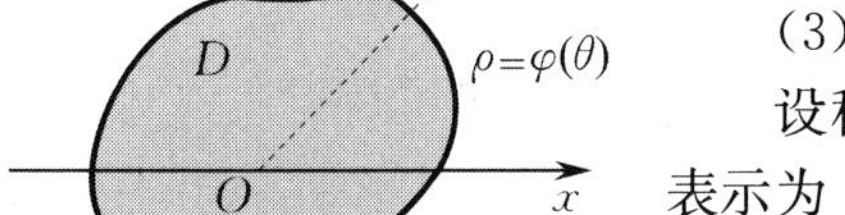

图 8-16

于是，二重积分化为二次积分有

$$\iint\limits_D f(\rho\cos\theta,\rho\sin\theta)\rho\mathrm{d}\rho\mathrm{d}\theta=\int_0^{2\pi}\mathrm{d}\theta\int_0^{\varphi(\theta)}f(\rho\cos\theta,\rho\sin\theta)\rho\mathrm{d}\rho.\tag{8-2-10}$$

显然，情况(3) 可看作情况(2) 的特例.

思考　如图 8-17 所示，积分区域 D 分别与 x 轴和 y 轴相切于原点，D 中极角 θ 的变化

范围是多少？

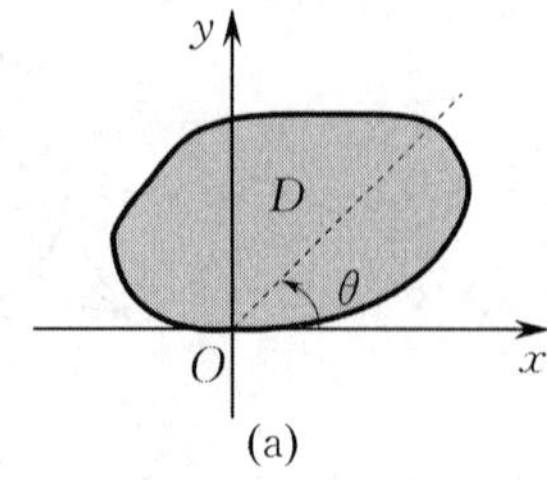

(a)

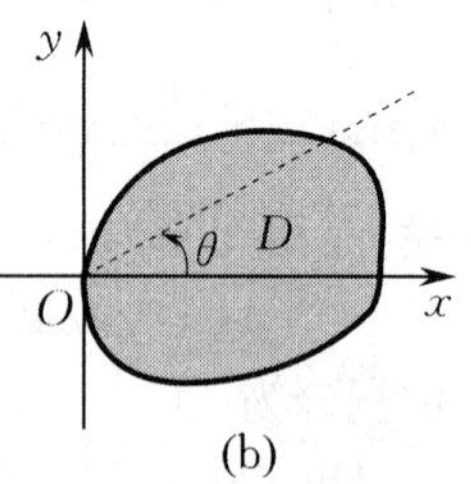

(b)

图 8-17

一般来说，当积分区域是圆域、圆环域、扇形域等，或者被积函数为 $f(x^2+y^2)$ 或 $f\left(\frac{x}{y}\right)$ 的形式时，可以考虑选用极坐标系来计算二重积分.

例 5　计算二重积分 $\iint\limits_D(1-x^2-y^2)\mathrm{d}\sigma$，其中 $D=\{(x,y)\mid x^2+y^2\leqslant 1\}$.

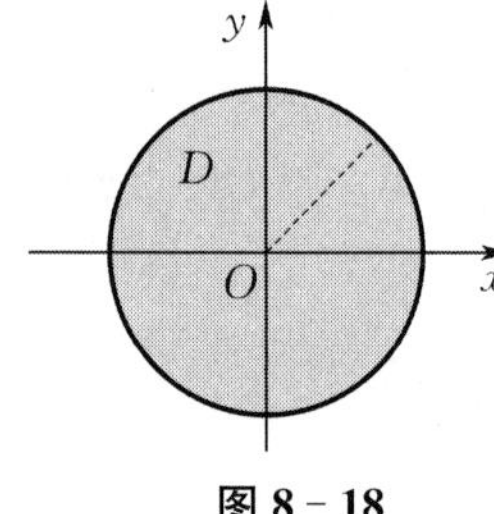

图 8-18

解　如图 8-18 所示，积分区域 D 是圆域，采用极坐标系计算，且极点 O 在 D 的内部，则 D 可用不等式组表示为

$$0\leqslant\theta\leqslant 2\pi,\quad 0\leqslant\rho\leqslant 1.$$

将 $x=\rho\cos\theta, y=\rho\sin\theta, \mathrm{d}\sigma=\rho\mathrm{d}\rho\mathrm{d}\theta$ 代入所求二重积分，得

$$\iint\limits_D(1-x^2-y^2)\mathrm{d}\sigma=\iint\limits_D(1-\rho^2)\rho\mathrm{d}\rho\mathrm{d}\theta=\int_0^{2\pi}\mathrm{d}\theta\int_0^1(\rho-\rho^3)\mathrm{d}\rho$$

$$=2\pi\left(\frac{\rho^2}{2}-\frac{\rho^4}{4}\right)\Big|_0^1=\frac{\pi}{2}.$$

例 6　计算二重积分 $\iint\limits_D xy\mathrm{d}\sigma$，其中 $D=\{(x,y)\mid y\geqslant 0, x^2+y^2\geqslant 1, x^2+y^2\leqslant 2x\}$.

解　如图 8-19 所示，积分区域 D 是圆域的一部分，采用极坐标系计算，且极点 O 在 D 的外部. 圆 $x^2+y^2=1$ 和 $x^2+y^2=2x$ 分别化成极坐标方程 $\rho=1$ 及 $\rho=2\cos\theta$，且两个圆交点处有 $2\cos\theta=1$，解得 $\theta=\frac{\pi}{3}$，则 D 可用不等式组表示为

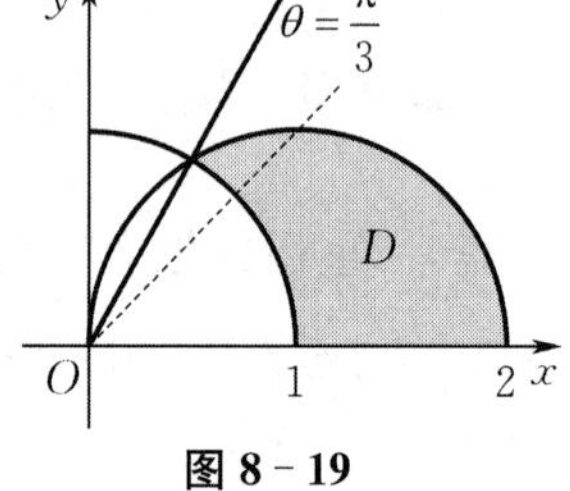

图 8-19

$$0\leqslant\theta\leqslant\frac{\pi}{3},\quad 1\leqslant\rho\leqslant 2\cos\theta.$$

于是

$$\iint\limits_D xy\,\mathrm{d}\sigma=\iint\limits_D\rho^3\cos\theta\sin\theta\mathrm{d}\rho\mathrm{d}\theta=\int_0^{\frac{\pi}{3}}\mathrm{d}\theta\int_1^{2\cos\theta}\rho^3\cos\theta\sin\theta\mathrm{d}\rho$$

$$=\frac{1}{4}\int_0^{\frac{\pi}{3}}(16\cos^4\theta-1)\cos\theta\sin\theta\mathrm{d}\theta=\frac{1}{8}\int_0^{\frac{\pi}{3}}(1-16\cos^4\theta)\mathrm{d}(\cos^2\theta)$$

$$=\frac{1}{8}\left(\cos^2\theta-\frac{16}{3}\cos^6\theta\right)\Big|_0^{\frac{\pi}{3}}=\frac{9}{16}.$$

二重积分 $\iint\limits_D f(x,y)\mathrm{d}\sigma$ 的计算，归根结底是转化为二次积分计算两次定积分，其步骤如下：

(1) 作图，画出积分区域 D 的图形；

(2) 选择适当的坐标系(直角坐标系或极坐标系);

(3) 确定积分区域D是X型区域还是Y型区域,或者极点O是在D的外部、边界上还是内部;

(4) 写出积分区域 D 的不等式组;

(5) 计算二次积分.

前面介绍的二重积分的概念、性质和计算方法,很容易推广到多元函数上,即得**多重积分**;二重积分的积分区域也可推广到无界区域上,即得**广义二重积分**. 如果广义二重积分存在,也称广义二重积分收敛;否则,称广义二重积分发散.

例 7　讨论广义二重积分

$$\iint\limits_{D} \mathrm{e}^{-x^2-y^2}\mathrm{d}x\mathrm{d}y$$

的敛散性,其中积分区域 D 是整个第一象限.

解　以原点为圆心,a 为半径作圆,D_1 为圆在第一象限的部分区域,则 D_1 可用不等式组表示为

$$0\leqslant\theta\leqslant\frac{\pi}{2},\quad 0\leqslant\rho\leqslant a.$$

于是

$$\iint\limits_{D_1} \mathrm{e}^{-x^2-y^2}\mathrm{d}x\mathrm{d}y=\iint\limits_{D_1} \mathrm{e}^{-\rho^2}\rho\mathrm{d}\rho\mathrm{d}\theta=\int_0^{\frac{\pi}{2}}\mathrm{d}\theta\int_0^a \mathrm{e}^{-\rho^2}\rho\mathrm{d}\rho$$

$$=-\frac{\pi}{4}(\mathrm{e}^{-\rho^2})\Big|_0^a=\frac{\pi}{4}(1-\mathrm{e}^{-a^2}).$$

令 $a\to+\infty$,得

$$\iint\limits_{D} \mathrm{e}^{-x^2-y^2}\mathrm{d}x\mathrm{d}y=\lim_{a\to+\infty}\iint\limits_{D_1} \mathrm{e}^{-x^2-y^2}\mathrm{d}x\mathrm{d}y=\lim_{a\to+\infty}\frac{\pi}{4}(1-\mathrm{e}^{-a^2})=\frac{\pi}{4},$$

因此这个广义二重积分是收敛的.

对于例 7 中的广义二重积分,因为

$$\iint\limits_{D} \mathrm{e}^{-x^2-y^2}\mathrm{d}x\mathrm{d}y=\int_0^{+\infty}\mathrm{e}^{-x^2}\mathrm{d}x\int_0^{+\infty}\mathrm{e}^{-y^2}\mathrm{d}y=\left(\int_0^{+\infty}\mathrm{e}^{-x^2}\mathrm{d}x\right)^2=\frac{\pi}{4},$$

所以有

$$\int_0^{+\infty}\mathrm{e}^{-x^2}\mathrm{d}x=\frac{\sqrt{\pi}}{2},\tag{8-2-11}$$

$$\int_{-\infty}^{+\infty}\mathrm{e}^{-x^2}\mathrm{d}x=\sqrt{\pi}.\tag{8-2-12}$$

广义积分(8-2-11)和(8-2-12)也叫作**泊松**(Poisson)**积分**,它是概率论中经常用到的一个积分.

小结

计算二重积分,有用直角坐标系和极坐标系计算两种方法,计算时需要注意以下几点:

(1) 选择适当的坐标系来计算,有的二重积分只适合用直角坐标系来计算,有的二重积分只适合用极坐标系来计算,两种坐标系都能计算时需要考虑用哪种坐标系计算比较简便;

(2) 正确判断积分区域是 X 型区域还是 Y 型区域,或者极点是在积分区域的外部、边界上还是内部,不同的积分区域情形,积分区域的不等式组是不同的;

(3) 正确写出积分区域的不等式组是计算二次积分的前提.

此外,还应考虑用何种积分次序以使计算简便.有时按某种积分次序很难计算或不能计算,而交换积分次序后,二次积分就容易计算了.

应用导学

前面所讲的曲顶柱体的体积,以及后面涉及的平面薄片的质量、平均利润等实际问题,都可以通过计算二重积分加以解决.

习题 8-2

1. 将二重积分 $\iint\limits_D f(x,y)\mathrm{d}\sigma$ 化为不同积分次序的二次积分,其中积分区域 D 是:

(1) 以 $O(0,0),A(2,0),B(2,1),C(0,1)$ 为顶点的矩形闭区域;

(2) 以 $O(0,0),A(1,0),B(1,1)$ 为顶点的三角形闭区域;

(3) 以 $O(0,0),A(2a,0),B(3a,a),C(a,a)$ 为顶点的平行四边形闭区域$(a>0)$;

(4) 由不等式组 $x^2+y^2\leqslant 1,x+y\geqslant 1$ 所确定的闭区域;

(5) 由直线 $y=x,x=2$ 及双曲线 $y=\dfrac{1}{x}(x>0)$ 所围成的闭区域;

(6) 由抛物线 $y=x^2$ 及直线 $y=x+2$ 所围成的闭区域.

2. 画出下列二次积分积分区域的图形,并交换积分次序:

(1) $\int_1^{\mathrm{e}}\mathrm{d}x\int_0^{\ln x}f(x,y)\mathrm{d}y$; (2) $\int_0^1\mathrm{d}y\int_{\sqrt{y}}^{\sqrt{2-y^2}}f(x,y)\mathrm{d}x$;

(3) $\int_0^{\frac{1}{4}}\mathrm{d}y\int_y^{\sqrt{y}}f(x,y)\mathrm{d}x+\int_{\frac{1}{4}}^{\frac{1}{2}}\mathrm{d}y\int_y^{\frac{1}{2}}f(x,y)\mathrm{d}x$.

3. 计算下列二重积分:

(1) $\iint\limits_D \mathrm{e}^{x+y}\mathrm{d}x\mathrm{d}y$,其中 D 是由直线 $x=0,y=0,x=1,y=1$ 所围成的闭区域;

(2) $\iint\limits_D (3x+2y)\mathrm{d}\sigma$,其中 D 是由两坐标轴及直线 $x+y=2$ 所围成的闭区域;

(3) $\iint\limits_D x\cos(x+y)\mathrm{d}x\mathrm{d}y$,其中 D 是以 $(0,0),(\pi,0)$ 和 (π,π) 为顶点的三角形闭区域;

(4) $\iint\limits_D x\sqrt{y}\,\mathrm{d}\sigma$,其中 D 是由两条抛物线 $y=\sqrt{x},y=x^2$ 所围成的闭区域;

(5) $\iint\limits_D xy^2\mathrm{d}\sigma$,其中 D 是由圆周 $x^2+y^2=4$ 及 y 轴所围成的右半闭区域;

(6) $\iint\limits_D xy^3\,dxdy$,其中 D 是由抛物线 $y^2=2px$ 与直线 $x=\frac{p}{2}(p>0)$ 所围成的闭区域.

4. 利用极坐标系计算下列二重积分:

(1) $\iint\limits_D e^{x^2+y^2}\,d\sigma$,其中 D 是由圆周 $x^2+y^2=4$ 所围成的闭区域;

(2) $\iint\limits_D (x^2+y^2)\,d\sigma$,其中 D 是由圆周 $x^2+y^2=2ax(a>0)$ 与 x 轴所围成的上半部分区域;

(3) $\iint\limits_D \frac{y^2}{x^2}\,dxdy$,其中 D 是由圆周 $x^2+y^2=2x$ 所围成的闭区域;

(4) $\iint\limits_D \ln(1+x^2+y^2)\,d\sigma$,其中 $D=\{(x,y)\mid x^2+y^2\leqslant 1,x\geqslant 0,y\geqslant 0\}$;

(5) $\iint\limits_D \sin\sqrt{x^2+y^2}\,dxdy$,其中 $D=\{(x,y)\mid \pi^2\leqslant x^2+y^2\leqslant 4\pi^2\}$;

(6) $\iint\limits_D \arctan\frac{y}{x}\,dxdy$,其中 D 是由圆周 $x^2+y^2=1$,$x^2+y^2=4$ 及直线 $y=0$,$y=x$ 所围成的在第一象限内的闭区域.

5. 选用适当的坐标系求下列二重积分:

(1) $\iint\limits_D \frac{x^2}{y^2}\,d\sigma$,其中 D 是由直线 $x=2$,$y=x$ 及曲线 $xy=1$ 所围成的闭区域;

(2) $\iint\limits_D \sqrt{x}\,dxdy$,其中 $D=\{(x,y)\mid x^2+y^2\leqslant x\}$;

(3) $\iint\limits_D \sqrt{\frac{1-x^2-y^2}{1+x^2+y^2}}\,dxdy$,其中 $D=\{(x,y)\mid x^2+y^2\leqslant 1,x\geqslant 0,y\geqslant 0\}$;

(4) $\iint\limits_D \sqrt{x^2+y^2}\,d\sigma$,其中 $D=\{(x,y)\mid x^2+y^2\leqslant x,x^2+y^2\leqslant y\}$.

6. 某水池池底呈圆形,半径为 5 m. 以圆心为原点建立直角坐标系,则点 (x,y) 处的水深为 $\frac{5}{1+x^2+y^2}$ m,试求该水池的蓄水量.

7. 试讨论广义二重积分 $\iint\limits_D \frac{1}{(x^2+y^2)^m}\,dxdy$ 的敛散性,其中积分区域 D 是圆 $x^2+y^2=1$ 的外部,m 为常数.

第三节　二重积分的应用

二重积分在几何学、物理学和经济学等方面都有重要应用,下面分别举例说明.

一、平面图形的面积

记平面图形 D 的面积为 A,由二重积分的性质 3 知

$$A=\iint_D \mathrm{d}\sigma. \tag{8-3-1}$$

例 1 利用二重积分,求由直线 $y=x$,$y=2$ 和双曲线 $xy=1$ 所围成的平面图形 D 的面积.

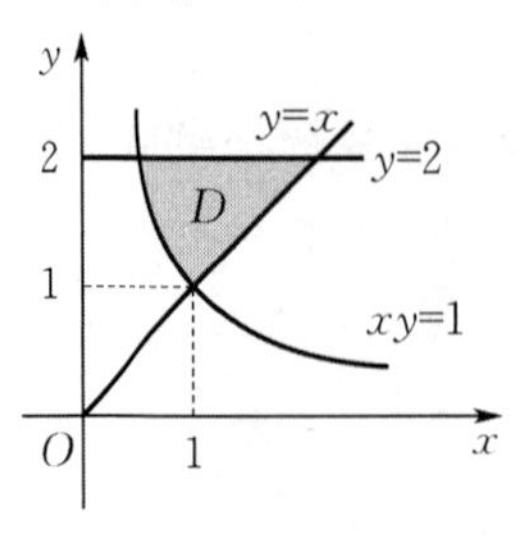

图 8-20

解 如图 8-20 所示,平面图形 D 是 Y 型区域,可用不等式组表示为

$$1\leqslant y\leqslant 2,\quad \frac{1}{y}\leqslant x\leqslant y.$$

于是,所求平面图形 D 的面积为

$$\begin{aligned}A&=\iint_D \mathrm{d}x\mathrm{d}y=\int_1^2\mathrm{d}y\int_{\frac{1}{y}}^{y}\mathrm{d}x\\&=\int_1^2\left(y-\frac{1}{y}\right)\mathrm{d}y=\left(\frac{y^2}{2}-\ln y\right)\Big|_1^2\\&=\frac{3}{2}-\ln 2.\end{aligned}$$

例 2 求由曲线 $(x^2+y^2)^3=x^4+y^4$ 所围成的平面图形 D(见图 8-21)的面积.

解 曲线方程含有 (x^2+y^2),采用极坐标系计算.该曲线的极坐标方程为

$$\rho=\sqrt{\cos^4\theta+\sin^4\theta},$$

且极点 O 在 D 的内部,则 D 可用不等式组表示为

$$0\leqslant\theta\leqslant 2\pi,\quad 0\leqslant\rho\leqslant\sqrt{\cos^4\theta+\sin^4\theta}.$$

于是,所求平面图形 D 的面积为

$$\begin{aligned}A&=\iint_D \mathrm{d}\sigma=\iint_D \rho\mathrm{d}\rho\mathrm{d}\theta=\int_0^{2\pi}\mathrm{d}\theta\int_0^{\sqrt{\cos^4\theta+\sin^4\theta}}\rho\mathrm{d}\rho\\&=\frac{1}{2}\int_0^{2\pi}(\cos^4\theta+\sin^4\theta)\mathrm{d}\theta=\frac{3}{4}\pi.\end{aligned}$$

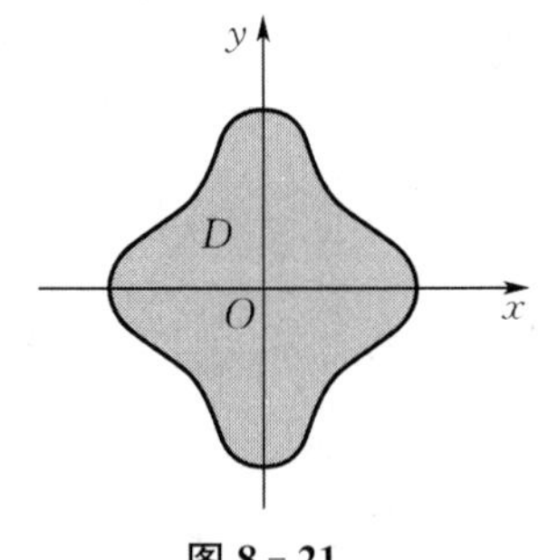

图 8-21

二、空间立体的体积

在本章第一节中我们已经知道,如果曲顶柱体的曲顶方程为 $z=f(x,y)$,且 $f(x,y)\geqslant 0$,$(x,y)\in D$,底面为有界闭区域 D,则这个曲顶柱体的体积为

$$V=\iint_D f(x,y)\mathrm{d}\sigma. \tag{8-3-2}$$

例 3 求由椭圆抛物面 $z=1-4x^2-y^2$ 与 xOy 平面所围成的空间立体的体积.

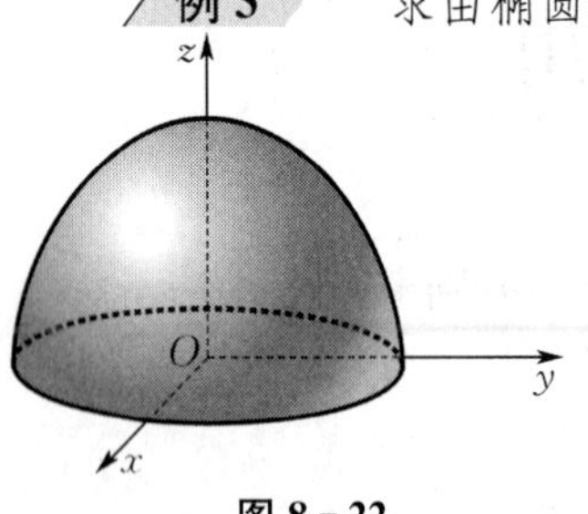

图 8-22

解 如图 8-22 所示,椭圆抛物面 $z=1-4x^2-y^2$ 被 xOy 平面(平面 $z=0$)所截交线为椭圆 $4x^2+y^2=1$,记该椭圆在第一象限的部分区域为 D,利用对称性,所求空间立体的体积为

$$V=4\iint_D(1-4x^2-y^2)\mathrm{d}\sigma.$$

又 D 为 X 型区域,可用不等式组表示为

$$0 \leqslant x \leqslant \frac{1}{2},\quad 0 \leqslant y \leqslant \sqrt{1-4x^2},$$

于是

$$\begin{aligned} V &= 4\int_0^{\frac{1}{2}} \mathrm{d}x \int_0^{\sqrt{1-4x^2}} (1-4x^2-y^2)\mathrm{d}y \\ &= 4\int_0^{\frac{1}{2}} \left(y-4x^2y-\frac{1}{3}y^3\right)\Big|_0^{\sqrt{1-4x^2}} \mathrm{d}x \\ &= \frac{8}{3}\int_0^{\frac{1}{2}} (1-4x^2)^{\frac{3}{2}}\mathrm{d}x. \end{aligned}$$

令 $x = \frac{1}{2}\sin t\left(0 \leqslant t \leqslant \frac{\pi}{2}\right)$，得

$$V = \frac{4}{3}\int_0^{\frac{\pi}{2}} \cos^4 t\mathrm{d}t = \frac{\pi}{4}.$$

例 4　求由旋转抛物面 $z = 2-x^2-y^2$ 与 $z = x^2+y^2$ 所围成的空间立体的体积.

解　如图 8-23 所示，两曲面的交线(消去 z)在 xOy 平面上的投影为圆 $x^2+y^2=1$，该圆所围成的闭区域 D 可用不等式组表示为

$$0 \leqslant \theta \leqslant 2\pi,\quad 0 \leqslant \rho \leqslant 1.$$

于是，所求空间立体的体积 V 等于闭区域 D 上以曲面 $z = 2-x^2-y^2$ 为顶的曲顶柱体的体积减去以曲面 $z = x^2+y^2$ 为顶的曲顶柱体的体积，即

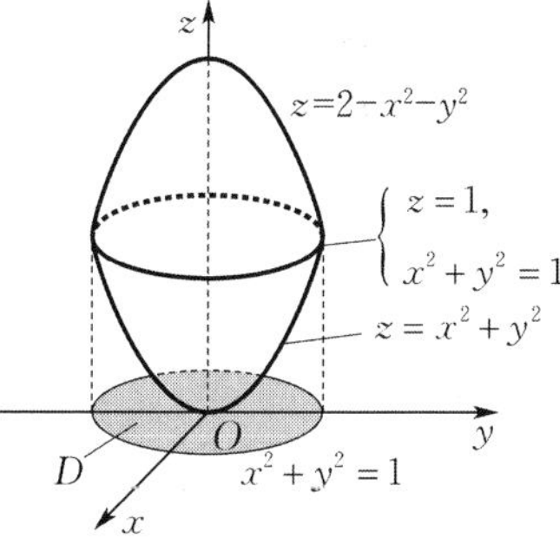

图 8-23

$$V = \iint_D (2-x^2-y^2)\mathrm{d}\sigma - \iint_D (x^2+y^2)\mathrm{d}\sigma = 2\iint_D (1-x^2-y^2)\mathrm{d}\sigma$$

$$= 2\iint_D (1-\rho^2)\rho\mathrm{d}\rho\mathrm{d}\theta = 2\int_0^{2\pi}\mathrm{d}\theta\int_0^1 (\rho-\rho^3)\mathrm{d}\rho = \pi.$$

三、平面薄片的质量

设有一个平面薄片在 xOy 平面上占有有界闭区域 D，它在点 (x,y) 处的面密度是 $\mu(x,y)$，其中 $\mu(x,y) > 0$ 且在 D 上连续，求该薄片的质量 M.

如果薄片是均匀的，即面密度是一个常数，那么薄片的质量可以用公式

$$\text{质量} = \text{面密度} \times \text{面积}$$

来计算. 现在面密度 $\mu(x,y)$ 是变量，那么薄片的质量就不能直接用这个公式来计算.

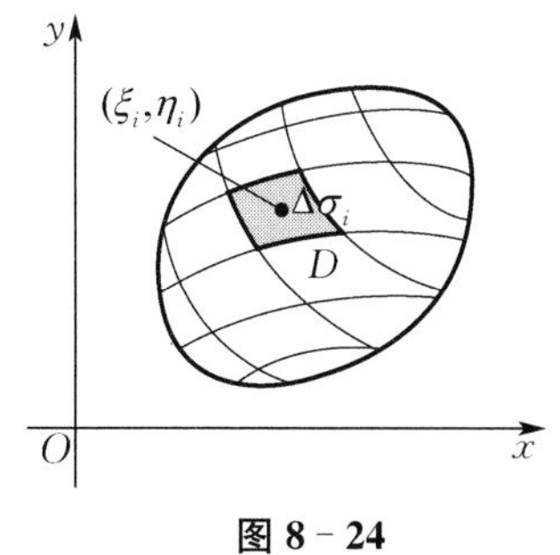

图 8-24

仿照曲顶柱体的体积的求法，先把该薄片(闭区域 D)任意分成 n 个小块 $\Delta\sigma_1,\Delta\sigma_2,\cdots,\Delta\sigma_n$(也表示 n 个小块的面积)，每个小块可以近似看作均匀的. 在每个小块 $\Delta\sigma_i$ 上任取一点 $(\xi_i,\eta_i)(i=1,2,\cdots,n)$，此点处的面密度值为 $\mu(\xi_i,\eta_i)$，则 $\mu(\xi_i,\eta_i)\Delta\sigma_i$ 可作为第 i 个小块的质量的近似值(见图 8-24). 取 d_i 为小块 $\Delta\sigma_i$ 的直径，并记 $d = \max\limits_{1\leqslant i\leqslant n}\{d_i\}$，通过求和、取极限，便可得该薄片的质量

$$M=\lim_{d\to 0}\sum_{i=1}^{n}\mu(\xi_i,\eta_i)\Delta\sigma_i,$$

即

$$M=\iint_D\mu(x,y)\mathrm{d}\sigma. \tag{8-3-3}$$

例 5 设有一个平行四边形金属薄板,其四边的直线方程分别为 $y=a,y=3a$,$y=x$ 和 $y=x+a(a>0)$,其面密度为

$$\mu(x,y)=x^2+y^2,$$

求该薄板的质量.

解 如图 8-25 所示,该薄板所占的闭区域 D 为 Y 型区域,用不等式组表示为

$$a\leqslant y\leqslant 3a,\quad y-a\leqslant x\leqslant y,$$

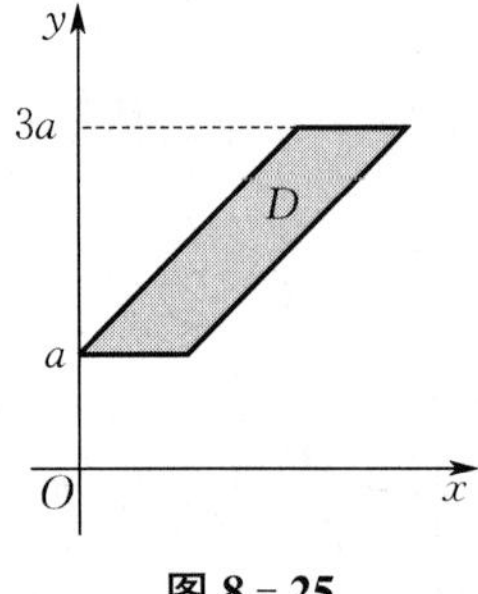

图 8-25

则该薄板的质量为

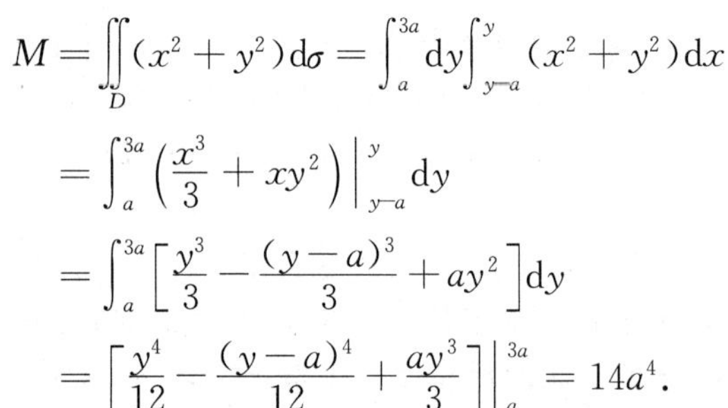

$$\begin{aligned}M&=\iint_D(x^2+y^2)\mathrm{d}\sigma=\int_a^{3a}\mathrm{d}y\int_{y-a}^{y}(x^2+y^2)\mathrm{d}x\\&=\int_a^{3a}\left(\frac{x^3}{3}+xy^2\right)\Big|_{y-a}^{y}\mathrm{d}y\\&=\int_a^{3a}\left[\frac{y^3}{3}-\frac{(y-a)^3}{3}+ay^2\right]\mathrm{d}y\\&=\left[\frac{y^4}{12}-\frac{(y-a)^4}{12}+\frac{ay^3}{3}\right]\Big|_a^{3a}=14a^4.\end{aligned}$$

四、经济应用

例 6 设某公司销售甲商品 x 单位、乙商品 y 单位时的利润(单位:万元)为

$$L(x,y)=6x^2+5x+2xy.$$

已知在一周内甲商品的销量在 1~3 单位,乙商品的销量在 0~4 单位之间变化,试求销售这两种商品一周的平均利润.

解 由于 x,y 的变化范围为 $D=\{(x,y)\mid 1\leqslant x\leqslant 3,0\leqslant y\leqslant 4\}$,该区域的面积为 $A=2\times 4=8$,由二重积分的中值定理,这家公司销售两种商品一周的平均利润是

$$\begin{aligned}\frac{1}{A}\iint_D L(x,y)\mathrm{d}\sigma&=\frac{1}{8}\iint_D(6x^2+5x+2xy)\mathrm{d}\sigma\\&=\frac{1}{8}\int_1^3\mathrm{d}x\int_0^4(6x^2+5x+2xy)\mathrm{d}y\\&=\frac{1}{8}\int_1^3(6x^2y+5xy+xy^2)\Big|_0^4\mathrm{d}x\\&=\frac{1}{8}\int_1^3(24x^2+36x)\mathrm{d}x\\&=\frac{1}{8}(8x^3+18x^2)\Big|_1^3=44\ (\text{万元}).\end{aligned}$$

例 7 若以某城市市中心为原点建立直角坐标系,则点 (x,y) 处的人口密度(单位:万人/km^2)近似为

$$m(x,y)=\frac{10}{\sqrt{x^2+y^2+9}},$$

试求距市中心 4 km 区域内的人口数.

解　距市中心 4 km 的区域 D 可用不等式组表示为

$$0\leqslant\theta\leqslant2\pi,\quad 0\leqslant\rho\leqslant4,$$

则这个区域内的人口数为

$$\begin{aligned}\iint_D m(x,y)\,\mathrm{d}\sigma&=\iint_D\frac{10}{\sqrt{x^2+y^2+9}}\,\mathrm{d}\sigma=\iint_D\frac{10}{\sqrt{\rho^2+9}}\rho\,\mathrm{d}\rho\,\mathrm{d}\theta\\&=10\int_0^{2\pi}\mathrm{d}\theta\int_0^4\frac{1}{\sqrt{\rho^2+9}}\rho\,\mathrm{d}\rho\\&=20\pi\left(\sqrt{\rho^2+9}\right)\Big|_0^4=40\pi\\&\approx125.7\ (\text{万人}).\end{aligned}$$

小结

本节介绍了二重积分在几何学、物理学和经济学上的一些应用，其目的不仅是提供一些简单的应用公式，还希望通过对本节的学习，能够深刻理解二重积分的定义，能够掌握针对不同的实际问题构造二重积分的方法.

应用导学

二重积分在几何学、物理学和经济学等方面有着广泛应用，这也说明高等数学的重要性.

习题 8-3

1. 利用二重积分求由下列曲线所围成的平面图形的面积：

(1) $y=\sin x,y=\cos x$ 与 y 轴(在第一象限内)；

(2) $y^2=2x+1,y^2=-2x+1$；

(3) $y^2=\dfrac{b^2}{a}x,y=\dfrac{b}{a}x$；

(4) $xy=a^2,xy=2a^2,y=x,y=2x$ (在第一象限内).

2. 计算由四个平面 $x=0,y=0,x=1,y=1$ 所围成的柱体被平面 $z=0$ 及 $2x+3y+z=6$ 截得的空间立体的体积.

3. 求由圆锥面 $z=\sqrt{x^2+y^2}$、圆柱面 $x^2+y^2=1$ 及平面 $z=0$ 所围成的空间立体的体积.

4. 求由旋转抛物面 $z=x^2+y^2$ 与平面 $z=1$ 所围成的空间立体的体积.

5. 求以曲面 $z=x^2+y^2$ 为顶，以 xOy 平面上的圆周 $x^2+y^2=ax$ 所围成的闭区域为底的曲顶柱体的体积.

6. 求由心形线 $\rho=a(1-\cos\theta)$ 所围成的平面图形的面积.

7. 设一个平面薄片所占的闭区域 D 由直线 $x+y=2, y=x$ 及 x 轴所围成,它的面密度为 $\mu(x,y)=x^2+y^2$,求该薄片的质量.

8. 设一个平面薄片所占的闭区域 D 由螺线 $\rho=2\theta(0\leqslant\theta\leqslant\pi)$ 的一段弧与直线 $\theta=\pi$ 所围成,它的面密度为 $\mu(x,y)=\sqrt{x^2+y^2}$,求该薄片的质量.

9. 设某公司销售甲、乙两种商品,一周的销量分别为 x 单位和 y 单位,利润(单位:万元)为

$$L(x,y)=20-(x-2)^2-(y-3)^2.$$

已知一周内甲商品的销量在 $2\sim 6$ 单位,乙商品的销量在 $0\sim 5$ 单位之间变化,试求销售这两种商品一周的平均利润.

10. 若以某城市市中心为原点建立直角坐标系,则点 (x,y) 处的人口密度(单位:万人/km^2)近似为 $m(x,y)=12\mathrm{e}^{-\frac{1}{5}\sqrt{x^2+y^2}}$,试求距市中心 2 km 区域内的人口数.

知识网络图

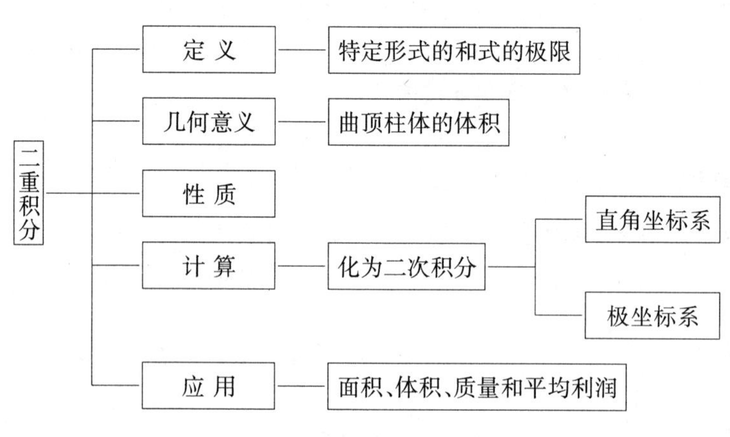

总习题八(A类)

1. 选择题:

(1) 设函数 $f(u)$ 连续,区域 $D=\{(x,y)\mid x^2+y^2\leqslant 2y\}$,则 $\iint\limits_D f(xy)\mathrm{d}\sigma$ 等于(   );

A. $\int_{-1}^{1}\mathrm{d}x\int_{-\sqrt{1-x^2}}^{\sqrt{1-x^2}}f(xy)\mathrm{d}y$ B. $2\int_0^2\mathrm{d}y\int_0^{\sqrt{2y-y^2}}f(xy)\mathrm{d}x$

C. $\int_0^{\pi}\mathrm{d}\theta\int_0^{2\sin\theta}f(\rho^2\sin\theta\cos\theta)\mathrm{d}\rho$ D. $\int_0^{\pi}\mathrm{d}\theta\int_0^{2\sin\theta}f(\rho^2\sin\theta\cos\theta)\rho\mathrm{d}\rho$

(2) 设 D 是由直线 $y=2x, y=x$ 及 $x=2, x=4$ 所围成的闭区域,则 $\iint\limits_D\frac{y}{x}\mathrm{d}x\mathrm{d}y$ 等于(   );

A. 8 B. 9 C. 10 D. 12

(3) $\int_0^1 \mathrm{d}x\int_{x^2}^{x} xy^2\mathrm{d}y=$ (　　);

A. $\frac{1}{40}$　　B. $-\frac{1}{40}$　　C. $\frac{3}{40}$　　D. $-\frac{3}{40}$

(4) 设 $f(x,y)$ 为连续函数,且 $f(0,1)=a$,D 为由圆 $x^2+(y-1)^2=r^2$ 所围成的闭区域,则 $\lim\limits_{r\to 0}\frac{1}{\pi r^2}\iint\limits_D f(x,y)\mathrm{d}\sigma$ 等于(　　);

A. a　　B. 0　　C. 1　　D. ∞

(5) 由抛物线 $y=x^2$ 与 $y=4x-x^2$ 所围成的平面图形的面积是(　　).

A. $\frac{3}{8}$　　B. $\frac{40}{3}$　　C. $\frac{8}{3}$　　D. $\frac{3}{40}$

2. 填空题:

(1) 已知 D 为正方形闭区域 $\{(x,y)\mid |x|\leqslant 1,|y|\leqslant 1\}$,则 $\iint\limits_D (x-1)(y-2)\mathrm{d}\sigma$ 的符号是________;

(2) 设闭区域 $D=\{(x,y)\mid 0\leqslant x\leqslant 1,0\leqslant y\leqslant 1\}$,则 $\iint\limits_D x^2y\mathrm{d}\sigma$ ________ $\iint\limits_D x^3y^2\mathrm{d}\sigma$;

(3) 交换积分次序:$\int_0^{\frac{\pi}{4}}\mathrm{d}x\int_{\sin x}^{\cos x} f(x,y)\mathrm{d}y=$ ________;

(4) 设 D 是由直线 $x=2,y=1$ 及 $y=x$ 所围成的三角形闭区域,则 $\iint\limits_D xy\mathrm{d}\sigma=$ ________;

(5) 在极坐标系中,面积元素为________.

3. 不计算二重积分,确定 $\iint\limits_D \ln(x^2+y^2)\mathrm{d}\sigma$ 的符号,其中 $D=\{(x,y)\mid |x|+|y|\leqslant 1\}$.

4. 估计下列二重积分的值:

(1) $I_1=\iint\limits_D \frac{1}{100+\cos^2 x+\cos^2 y}\mathrm{d}\sigma$,其中 $D=\{(x,y)\mid |x|+|y|\leqslant 10\}$;

(2) $I_2=\iint\limits_D \mathrm{e}^{-(x^2+y^2)}\mathrm{d}\sigma$,其中 D 为圆域 $\{(x,y)\mid x^2+y^2\leqslant 1\}$.

5. 计算下列二重积分:

(1) $\iint\limits_D y^2\sqrt{R^2-x^2}\,\mathrm{d}\sigma$,其中 $D=\{(x,y)\mid x^2+y^2\leqslant R^2(R>0)\}$;

(2) $\iint\limits_D \frac{1}{\sqrt{2a-x}}\mathrm{d}x\mathrm{d}y$,其中 $D=\{(x,y)\mid x\geqslant 0,y\geqslant 0,y\leqslant a-\sqrt{2ax-x^2}\,(a>0)\}$;

(3) $\iint\limits_D xy\mathrm{d}x\mathrm{d}y$,其中 D 是由抛物线 $\sqrt{x}+\sqrt{y}=1$ 与 x 轴、y 轴所围成的闭区域;

(4) $\iint\limits_D \sqrt{4x^2-y^2}\,\mathrm{d}x\mathrm{d}y$,其中 D 是由直线 $x=1,y=x$ 和 x 轴所围成的三角形闭区域;

(5) $\iint\limits_D \sqrt{|y-x^2|}\,\mathrm{d}x\mathrm{d}y$,其中 $D=\{(x,y)\mid |x|\leqslant 1,0\leqslant y\leqslant 2\}$;

(6) $\iint\limits_D y[1+x\mathrm{e}^{\frac{1}{2}(x^2+y^2)}]\mathrm{d}x\mathrm{d}y$,其中 D 是由直线 $y=x,y=-1$ 和 $x=1$ 所围成的闭区域.

6. 设函数 $f(x,y)$ 在定义域上连续，且 $f(x,y)=xy+\iint\limits_D f(x,y)\mathrm{d}x\mathrm{d}y$，其中 D 是由抛物线 $y=x^2$ 与直线 $x=1,y=0$ 所围成的闭区域，试求 $f(x,y)$ 的表达式.

7. 把下列二重积分化为极坐标形式，然后计算二重积分的值：

(1) $\int_0^1 \mathrm{d}x\int_{x^2}^{x}(x^2+y^2)^{-\frac{1}{2}}\mathrm{d}y$；　　(2) $\int_0^a \mathrm{d}y\int_0^{\sqrt{a^2-y^2}}(x^2+y^2)\mathrm{d}x$；

(3) $\int_0^a \mathrm{d}x\int_{\frac{x^2}{a}}^{\sqrt{2ax-x^2}}\dfrac{1}{\sqrt{x^2+y^2}}\mathrm{d}y$.

8. 利用极坐标系计算下列二重积分：

(1) $\iint\limits_D y\mathrm{d}x\mathrm{d}y$，其中 $D=\{(x,y)\mid 1\leqslant x^2+y^2\leqslant 4\}$；

(2) $\iint\limits_D (x^2+y^2)\sqrt{a^2-x^2-y^2}\,\mathrm{d}\sigma$，其中 $D=\{(x,y)\mid x^2+y^2\leqslant a^2(a>0)\}$；

(3) $\iint\limits_D \mathrm{e}^{-(x^2+y^2-\pi)}\sin(x^2+y^2)\mathrm{d}x\mathrm{d}y$，其中 $D=\{(x,y)\mid x^2+y^2\leqslant\pi\}$；

(4) $\iint\limits_D |xy|\mathrm{d}x\mathrm{d}y$，其中 D 是以原点为圆心，a 为半径的圆域.

9. 试证：

$$\iint\limits_D x^2\mathrm{d}\sigma=\iint\limits_D y^2\mathrm{d}\sigma=\frac{1}{2}\iint\limits_D (x^2+y^2)\mathrm{d}\sigma,$$

其中 $D=\{(x,y)\mid x^2+y^2\leqslant R^2(R>0),x\geqslant 0,y\geqslant 0\}$.

10. 选取适当的坐标系计算下列二重积分：

(1) $\iint\limits_D xy\mathrm{d}x\mathrm{d}y$，其中 D 是由椭圆 $\dfrac{x^2}{4}+\dfrac{y^2}{9}=1$ 所围成的在第一象限的部分；

(2) $\iint\limits_D \dfrac{\sqrt{x^2+y^2}}{\sqrt{4a^2-x^2-y^2}}\mathrm{d}\sigma$，其中 D 是由曲线 $y=-a+\sqrt{a^2-x^2}\,(a>0)$ 和直线 $y=-x$ 所围成的闭区域；

(3) $\iint\limits_D y\mathrm{d}x\mathrm{d}y$，其中 D 是由直线 $x=-2,y=0,y=2$ 和曲线 $x=-\sqrt{2y-y^2}$ 所围成的闭区域.

11. 计算二重积分 $\iint\limits_D \mathrm{e}^{\max\{x^2,y^2\}}\mathrm{d}x\mathrm{d}y$，其中 $D=\{(x,y)\mid 0\leqslant x\leqslant 1,0\leqslant y\leqslant 1\}$.

12. 求下列广义二重积分：

(1) $\int_{-\infty}^{+\infty}\mathrm{d}y\int_{-\infty}^{+\infty}\min\{x,y\}\mathrm{e}^{-(x^2+y^2)}\mathrm{d}x$；　　(2) $\int_{-\infty}^{+\infty}\mathrm{d}y\int_{-\infty}^{+\infty}\mathrm{e}^{-(x^2+y^2)}\cos(x^2+y^2)\mathrm{d}x$.

13. 求下列极限：

(1) $\lim\limits_{\varepsilon\to 0}\iint\limits_D \ln(x^2+y^2)\mathrm{d}\sigma$，其中 $D=\{(x,y)\mid \varepsilon^2\leqslant x^2+y^2\leqslant 1(0<\varepsilon<1)\}$；

(2) $\lim\limits_{x\to 0}\dfrac{\int_0^x \mathrm{d}u\int_0^{u^2}\arctan(1+t)\mathrm{d}t}{x(1-\cos x)}$.

14. 利用二重积分计算由下列曲线所围成的平面图形的面积($a>0$)：

(1) 双纽线$(x^2+y^2)^2=2a^2(x^2-y^2)$和圆周$x^2+y^2=2ax$；

(2) 心脏线$(x^2+y^2-ax)^2=a^2(x^2+y^2)$和圆周$x^2+y^2=\sqrt{3}ay$；

(3) $(x^2+y^2)^2=2ax^3$.

15. 求由下列曲面所围成的空间立体的体积：

(1) 坐标平面及$x=2,y=3,x+y+z=4$；

(2) $z=x^2+2y^2,z=6-2x^2-y^2$.

16. 求由平面$y=0,y=kx(k>0),z=0$以及以原点为球心，R为半径的上半球面所围成的在第Ⅰ卦限内的空间立体的体积.

17. 设有一个圆环形金属薄片，内、外圆的半径分别为a和b，其上任一点处的面密度与该点到圆心的距离平方成反比，比例系数为k，求该薄片的质量.

18. 设一个薄片所占的区域介于两圆$(x-a)^2+y^2=a^2$，$(x-b)^2+y^2=b^2(0<a<b)$之间，它的面密度为$\mu(x,y)=\sqrt{x^2+y^2}$，求该薄片的质量.

总习题八（B类）

1. 选择题：

(1) 设二重积分$I_1=\iint\limits_D\cos\sqrt{x^2+y^2}\,\mathrm{d}\sigma,I_2=\iint\limits_D\cos(x^2+y^2)\mathrm{d}\sigma,I_3=\iint\limits_D\cos(x^2+y^2)^2\mathrm{d}\sigma$，其中$D=\{(x,y)\mid x^2+y^2\leqslant 1\}$，则(　　)；

A. $I_3>I_2>I_1$　　B. $I_1>I_2>I_3$

C. $I_2>I_1>I_3$　　D. $I_3>I_1>I_2$

(2) 设函数$f(x,y)$连续，则二次积分$\int_{\frac{\pi}{2}}^{\pi}\mathrm{d}x\int_{\sin x}^{1}f(x,y)\mathrm{d}y$等于(　　)；

A. $\int_0^1\mathrm{d}y\int_{\pi+\arcsin y}^{\pi}f(x,y)\mathrm{d}x$　　B. $\int_0^1\mathrm{d}y\int_{\pi-\arcsin y}^{\pi}f(x,y)\mathrm{d}x$

C. $\int_0^1\mathrm{d}y\int_{\frac{\pi}{2}}^{\pi+\arcsin y}f(x,y)\mathrm{d}x$　　D. $\int_0^1\mathrm{d}y\int_{\frac{\pi}{2}}^{\pi-\arcsin y}f(x,y)\mathrm{d}x$

(3) 设函数f连续.若$F(u,v)=\iint\limits_{D_{uv}}\dfrac{f(x^2+y^2)}{\sqrt{x^2+y^2}}\mathrm{d}x\mathrm{d}y$，其中$D_{uv}$为如图8-26所示的阴影部分，则$\dfrac{\partial F}{\partial u}$等于(　　)；

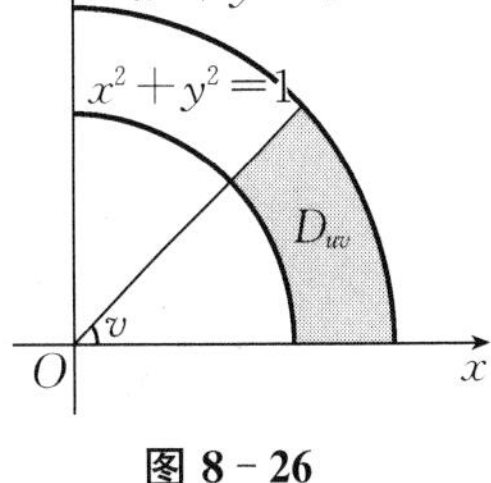

图 8-26

A. $vf(u^2)$　　B. $\dfrac{v}{u}f(u^2)$

C. $vf(u)$　　D. $\dfrac{v}{u}f(u)$

(4) 设函数$f(t)$连续，则二次积分$\int_0^{\frac{\pi}{2}}\mathrm{d}\theta\int_{2\cos\theta}^{2}f(r^2)r\mathrm{d}r$等于(　　)；

A. $\int_0^2\mathrm{d}x\int_{\sqrt{2x-x^2}}^{\sqrt{4-x^2}}\sqrt{x^2+y^2}\,f(x^2+y^2)\mathrm{d}y$

B. $\int_0^2 dx\int_{\sqrt{2x-x^2}}^{\sqrt{4-x^2}} f(x^2+y^2)dy$

C. $\int_0^2 dx\int_{1+\sqrt{2x-x^2}}^{\sqrt{4-x^2}} \sqrt{x^2+y^2}\,f(x^2+y^2)dy$

D. $\int_0^2 dx\int_{1+\sqrt{2x-x^2}}^{\sqrt{4-x^2}} f(x^2+y^2)dy$

(5) 设 D_k 是圆域 $D=\{(x,y)\,|\,x^2+y^2\leqslant 1\}$ 位于第 k 象限的部分,记二重积分 $I_k=\iint\limits_{D_k}(y-x)dxdy(k=1,2,3,4)$,则(　　);

A. $I_1>0$　　　　B. $I_2>0$

C. $I_3>0$　　　　D. $I_4>0$

(6) 设闭区域 $D=\{(x,y)\,|\,x^2+y^2\leqslant 2x,x^2+y^2\leqslant 2y\}$,函数 $f(x,y)$ 在 D 上连续,则 $\iint\limits_D f(x,y)dxdy$ 等于(　　);

A. $\int_0^{\frac{\pi}{4}} d\theta\int_0^{2\cos\theta} f(\rho\cos\theta,\rho\sin\theta)\rho d\rho+\int_{\frac{\pi}{4}}^{\frac{\pi}{2}} d\theta\int_0^{2\sin\theta} f(\rho\cos\theta,\rho\sin\theta)\rho d\rho$

B. $\int_0^{\frac{\pi}{4}} d\theta\int_0^{2\sin\theta} f(\rho\cos\theta,\rho\sin\theta)\rho d\rho+\int_{\frac{\pi}{4}}^{\frac{\pi}{2}} d\theta\int_0^{2\cos\theta} f(\rho\cos\theta,\rho\sin\theta)\rho d\rho$

C. $2\int_0^1 dx\int_{1-\sqrt{1-x^2}}^{x} f(x,y)dy$

D. $2\int_0^1 dx\int_x^{\sqrt{2x-x^2}} f(x,y)dy$

(7) 设二重积分 $T_i=\iint\limits_{D_i}\sqrt[3]{x-y}\,dxdy(i=1,2,3)$,其中 $D_1=\{(x,y)\mid 0\leqslant x\leqslant 1,0\leqslant y\leqslant 1\}$,$D_2=\{(x,y)\mid 0\leqslant x\leqslant 1,0\leqslant y\leqslant\sqrt{x}\}$,$D_3=\{(x,y)\mid 0\leqslant x\leqslant 1,x^2\leqslant y\leqslant 1\}$,则(　　).

A. $T_1<T_2<T_3$　　　　B. $T_3<T_1<T_2$

C. $T_2<T_3<T_1$　　　　D. $T_2<T_1<T_3$

2. 填空题:

(1) 设 $a>0$,函数 $f(x)=g(x)=\begin{cases}a, & 0\leqslant x\leqslant 1,\\ 0, & \text{其他},\end{cases}$ 而 D 表示全平面,则二重积分 $I=\iint\limits_D f(x)g(y-x)dxdy=$ ________;

(2) 设闭区域 $D=\{(x,y)\,|\,x^2+y^2\leqslant 1\}$,则二重积分 $\iint\limits_D(x^2-y)dxdy=$ ________;

(3) 设 D 是由曲线 $xy+1=0$ 与直线 $x+y=0$ 及 $y=2$ 所围成的有界闭区域,则 D 的面积为________;

(4) 二次积分 $\int_0^1 dy\int_y^1\left(\frac{e^{x^2}}{x}-e^{y^2}\right)dx=$ ________.

3. 计算下列二重积分:

(1) $\iint\limits_D(\sqrt{x^2+y^2}+y)\mathrm{d}\sigma$,其中 D 是由圆 $x^2+y^2=4$ 和 $(x+1)^2+y^2=1$ 所围成的闭区域(见图 8-27)；

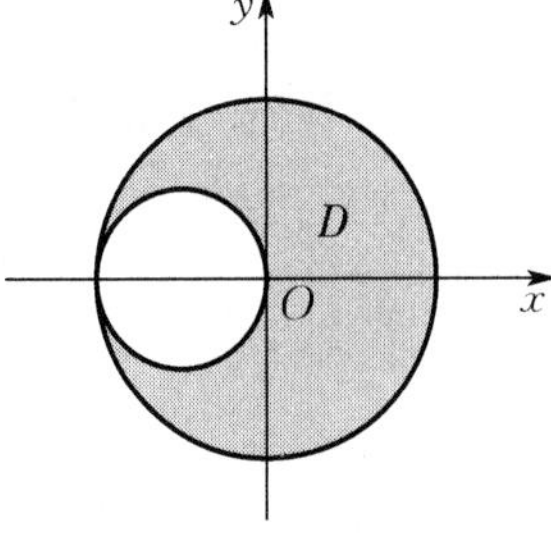

图 8-27

(2) $\iint\limits_D|x^2+y^2-1|\mathrm{d}\sigma$,其中 $D=\{(x,y)\mid 0\leqslant x\leqslant 1,0\leqslant y\leqslant 1\}$；

(3) $\iint\limits_D\sqrt{y^2-xy}\,\mathrm{d}x\mathrm{d}y$,其中 D 是由直线 $y=x,y=1,x=0$ 所围成的闭区域；

(4) $\iint\limits_D f(x,y)\mathrm{d}\sigma$,其中

$$f(x,y)=\begin{cases}x^2, & |x|+|y|\leqslant 1,\\ \dfrac{1}{\sqrt{x^2+y^2}}, & 1\leqslant |x|+|y|\leqslant 2,\end{cases}\quad D=\{(x,y)\mid |x|+|y|\leqslant 2\}；$$

(5) $\iint\limits_D\max\{xy,1\}\mathrm{d}x\mathrm{d}y$,其中 $D=\{(x,y)\mid 0\leqslant x\leqslant 2,0\leqslant y\leqslant 2\}$；

(6) $\iint\limits_D(x-y)\mathrm{d}x\mathrm{d}y$,其中 $D=\{(x,y)\mid (x-1)^2+(y-1)^2\leqslant 2,y\geqslant x\}$；

(7) $\iint\limits_D(x+y)^3\mathrm{d}x\mathrm{d}y$,其中 D 是由曲线 $x=\sqrt{1+y^2}$ 与直线 $x+\sqrt{2}y=0$ 及 $x-\sqrt{2}y=0$ 所围成的闭区域；

(8) $\iint\limits_D xy\mathrm{e}^x\mathrm{d}x\mathrm{d}y$,其中 D 是由曲线 $y=\sqrt{x}$ 与 $y=\dfrac{1}{\sqrt{x}}$ 所围成的闭区域；

(9) $\iint\limits_D x^2\mathrm{d}x\mathrm{d}y$,其中 D 是由直线 $x=3y,y=3x$ 及 $x+y=8$ 所围成的闭区域；

(10) $\iint\limits_D\dfrac{x\sin(\pi\sqrt{x^2+y^2})}{x+y}\mathrm{d}x\mathrm{d}y$,其中 $D=\{(x,y)\mid 1\leqslant x^2+y^2\leqslant 4,x\geqslant 0,y\geqslant 0\}$；

(11) $\iint\limits_D x(x+y)\mathrm{d}x\mathrm{d}y$,其中 $D=\{(x,y)\mid x^2+y^2\leqslant 2,y\geqslant x^2\}$；

(12) $\iint\limits_D\dfrac{y^3}{(1+x^2+y^4)^2}\mathrm{d}x\mathrm{d}y$,其中 D 是第一象限内以曲线 $y=\sqrt{x}$ 与 x 轴为边界的无界区域；

(13) $\iint\limits_D x^2\mathrm{d}x\mathrm{d}y$,其中 D 是由曲线 $y=\sqrt{3(1-x^2)}$ 与直线 $y=\sqrt{3}x$ 及 y 轴所围成的闭区域.

4. 设函数 $f(x)$ 在区间$[0,1]$上有连续的导数,$f(0)=1$,且有

$$\iint\limits_D f'(x+y)\mathrm{d}x\mathrm{d}y=\iint\limits_D f(t)\mathrm{d}x\mathrm{d}y,$$

其中 $D=\{(x,y)\mid 0\leqslant y\leqslant t-x,0\leqslant x\leqslant t\}(0<t<1)$, 求 $f(x)$ 的表达式.

第九章

无穷级数

本章导学

无穷级数本质上是一种特殊数列的极限.通过本章的学习要达到:(1) 理解无穷级数收敛、发散、和的概念,了解无穷级数收敛的必要条件及收敛级数的基本性质;(2) 熟练掌握正项级数敛散性的判别法及交错级数的莱布尼茨定理;(3) 理解无穷级数绝对收敛和条件收敛的概念、绝对收敛与收敛的关系;(4) 了解幂级数的收敛域及收敛半径,掌握较简单幂级数收敛域的求法;(5) 了解幂级数在其收敛区间内的一些基本性质、函数展开成泰勒级数的充要条件,熟记 e^x, $\sin x$, $\cos x$, $\ln(1+x)$ 和 $(1+x)^m$ 的麦克劳林级数展开式,并能利用这些展开式将一些简单的函数展开成幂级数.

问题背景

无穷级数是高等数学的一个重要组成部分,是研究"无穷项相加"的理论,在表达函数、研究函数的性质、进行数值计算以及求解方程等方面都有着重要的应用.如今,无穷级数已经渗透到科学技术的许多领域,无穷级数已经成为数学理论分析和应用中不可缺少的有力工具.本章先讨论数项级数,介绍无穷级数的一些基本内容,然后讨论函数项级数以及如何将函数展开成幂级数的问题.

第一节　无穷级数的概念与基本性质

有限个数 $u_1, u_2, \cdots, u_n$ 相加,其和是一个常数,意义十分明确.但如果将无穷个数 $u_1, u_2, \cdots, u_n, \cdots$ 相加,那么是否存在和?若存在,和等于多少?

先看一个例子.设一个正方形的边长为1,其面积等于1.如果将该正方形等分成两部分,则每部分的面积为$\frac{1}{2}$.再把其中一部分等分成两部分,将这个过程无限进行下去,于是该正方形的面积可表示为

$$1=\frac{1}{2}+\frac{1}{4}+\frac{1}{8}+\frac{1}{16}+\cdots.$$

这是由无穷个数相加的表达式.

而有时无穷个数相加却没有确定的和，例如对于

$$1-1+1-1+1-1+\cdots,$$

我们无法确定其结果是 1 还是 0.

一、无穷级数的概念

定义 1 设 $u_1,u_2,\cdots,u_n,\cdots$ 是一个给定的数列，把数列中各项依次用加号连接起来，得到的表达式

$$u_1+u_2+\cdots+u_n+\cdots$$

称为**无穷级数**，简称**级数**，记作 $\sum\limits_{n=1}^{\infty}u_n$ 或 $\sum u_n$，即

$$\sum_{n=1}^{\infty}u_n=u_1+u_2+\cdots+u_n+\cdots, \tag{9-1-1}$$

其中 $u_1,u_2,\cdots,u_n,\cdots$ 称为级数的**项**，u_n 称为级数的**一般项**(或**通项**). 当级数的各项都为常数时，此级数称为**常数项级数**.

需要注意的是，无穷级数的定义只是在形式上表达了无穷多个数的和.

级数 $\sum\limits_{n=1}^{\infty}u_n$ 的前 n 项的和

$$S_n=u_1+u_2+\cdots+u_n \tag{9-1-2}$$

称为级数 $\sum\limits_{n=1}^{\infty}u_n$ 的**部分和**. 当 $n=1,2,\cdots$ 时，得到一个新的数列 $\{S_n\}$，即

$$S_1=u_1,\quad S_2=u_1+u_2,\quad \cdots,\quad S_n=u_1+u_2+\cdots+u_n,\quad \cdots,$$

称数列 $\{S_n\}$ 为级数 $\sum\limits_{n=1}^{\infty}u_n$ 的**部分和数列**.

定义 2 如果 $n\to\infty$ 时，级数 $\sum\limits_{n=1}^{\infty}u_n$ 的部分和数列的极限存在，即 $\lim\limits_{n\to\infty}S_n=s$，则称该级数**收敛**，并称极限值 s 为级数 $\sum\limits_{n=1}^{\infty}u_n$ 的**和**，记作

$$s=\sum_{n=1}^{\infty}u_n=u_1+u_2+\cdots+u_n+\cdots.$$

如果 $n\to\infty$ 时，级数 $\sum\limits_{n=1}^{\infty}u_n$ 的部分和数列的极限不存在，即 $\lim\limits_{n\to\infty}S_n$ 不存在，则称该级数**发散**，此时级数的和不存在.

将收敛级数的和 s 与部分和 S_n 的差

$$R_n=s-S_n=u_{n+1}+u_{n+2}+\cdots \tag{9-1-3}$$

称为级数的**余项**. 当级数收敛时，显然有 $\lim\limits_{n\to\infty}R_n=0$，可用 S_n 作为级数的和 s 的近似值，而 $|R_n|$ 是用 S_n 近似代替 s 所产生的误差.

从定义 2 可以看出，级数 $\sum\limits_{n=1}^{\infty}u_n$ 的收敛与否是用部分和数列 $\{S_n\}$ 的极限来定义的. 因此，

判别级数$\sum_{n=1}^{\infty} u_n$是否收敛实质上是判别部分和数列$\{S_n\}$极限是否存在,求级数的和实质上是求部分和数列$\{S_n\}$的极限.

例 1 讨论级数$\sum_{n=1}^{\infty} \frac{1}{(3n-2)(3n+1)}$的敛散性.

解 由$\frac{1}{(3n-2)(3n+1)} = \frac{1}{3}\left(\frac{1}{3n-2} - \frac{1}{3n+1}\right)$,得

$$S_n = \frac{1}{3}\left(1 - \frac{1}{4} + \frac{1}{4} - \frac{1}{7} + \cdots + \frac{1}{3n-5} - \frac{1}{3n-2} + \frac{1}{3n-2} - \frac{1}{3n+1}\right)$$
$$= \frac{1}{3}\left(1 - \frac{1}{3n+1}\right),$$

所以$\lim\limits_{n\to\infty} S_n = \frac{1}{3}$,即所给级数收敛,其和为$\frac{1}{3}$.

例 2 讨论级数$\sum_{n=1}^{\infty} \frac{1}{\sqrt{n}+\sqrt{n+1}}$的敛散性.

解 由$\frac{1}{\sqrt{n}+\sqrt{n+1}} = \sqrt{n+1} - \sqrt{n}$,得

$$S_n = (\sqrt{2}-1) + (\sqrt{3}-\sqrt{2}) + \cdots + (\sqrt{n+1}-\sqrt{n}) = \sqrt{n+1} - 1,$$

所以

$$\lim_{n\to\infty} S_n = \lim_{n\to\infty}(\sqrt{n+1} - 1) = +\infty,$$

即所给级数发散.

例 3 证明:级数$1+2+3+\cdots+n+\cdots$是发散的.

证 该级数的部分和为

$$S_n = 1+2+3+\cdots+n = \frac{n(n+1)}{2}.$$

显然,$\lim\limits_{n\to\infty} S_n = +\infty$,即所给级数是发散的.

例 4 无穷级数

$$\sum_{n=1}^{\infty} aq^{n-1} = a + aq + aq^2 + \cdots + aq^{n-1} + \cdots$$

称为**等比级数**(或**几何级数**),其中$a \neq 0$,q称为级数的**公比**.试讨论等比级数的敛散性.

解 如果$|q| \neq 1$,则部分和

$$S_n = a + aq + aq^2 + \cdots + aq^{n-1} = \frac{a}{1-q} - \frac{aq^n}{1-q}.$$

当$|q| < 1$时,$\lim\limits_{n\to\infty} q^n = 0$,从而

$$\lim_{n\to\infty} S_n = \frac{a}{1-q},$$

此时等比级数收敛,其和$s = \frac{a}{1-q}$.

当$|q| > 1$时,$\lim\limits_{n\to\infty} q^n = \infty$,从而

$$\lim_{n\to\infty} S_n = \infty,$$

此时等比级数发散.

如果$|q|=1$,则当$q=1$时,级数为$a+a+\cdots+a+\cdots$.由于$S_n=na$,因此

$$\lim_{n\to\infty} S_n = \infty,$$

此时等比级数发散.

当$q=-1$时,级数为$a-a+a-a+\cdots+a-a+\cdots$.由于当$n$为奇数时$S_n=a$,当$n$为偶数时$S_n=0$,因此$\lim\limits_{n\to\infty} S_n$不存在,此时等比级数发散.

综上所述,当$|q|<1$时,等比级数$\sum\limits_{n=1}^{\infty} aq^{n-1}(a\neq 0)$收敛,其和$s=\dfrac{a}{1-q}$;当$|q|\geqslant 1$时,等比级数$\sum\limits_{n=1}^{\infty} aq^{n-1}(a\neq 0)$发散.

注 等比级数是收敛级数中一个重要的级数,它在判别无穷级数的敛散性、求无穷级数的和以及将一个函数展开成幂级数等方面都有重要的应用.

例 5 判别级数$\dfrac{1}{2}-\dfrac{1}{2^2}+\dfrac{1}{2^3}-\dfrac{1}{2^4}+\cdots+(-1)^{n+1}\dfrac{1}{2^n}+\cdots$的敛散性.

解 该级数是首项$a=\dfrac{1}{2}$,公比$q=-\dfrac{1}{2}$的等比级数,且$|q|<1$,因此它是收敛的,其和为

$$s=\frac{\frac{1}{2}}{1-\left(-\frac{1}{2}\right)}=\frac{1}{3}.$$

例 6 把循环小数 5.232 323… 表示成两个整数之比.

解
$$\begin{aligned}5.232\,323\cdots &= 5+\frac{23}{100}+\frac{23}{100^2}+\frac{23}{100^3}+\cdots\\ &= 5+\frac{23}{100}\left(1+\frac{1}{100}+\frac{1}{100^2}+\cdots\right)\\ &= 5+\frac{23}{100}\cdot\frac{100}{99}=\frac{518}{99}.\end{aligned}$$

二、收敛级数的基本性质

根据无穷级数的敛散性及和的概念,可得以下收敛级数的基本性质(证明从略).

性质 1 若两个级数$\sum\limits_{n=1}^{\infty} u_n$与$\sum\limits_{n=1}^{\infty} v_n$分别收敛于$s$与$\sigma$,则级数$\sum\limits_{n=1}^{\infty}(u_n\pm v_n)$也收敛,并且收敛于$s\pm\sigma$.

性质 2 若级数$\sum\limits_{n=1}^{\infty} u_n$收敛于$s$,则级数$\sum\limits_{n=1}^{\infty} ku_n$也收敛,并且收敛于$ks$.

性质 3 对收敛级数的项任意加括号后所成的级数仍收敛,且其和不变.

需要注意的是,性质3的逆命题不成立.例如,级数$(1-1)+(1-1)+\cdots$收敛于零,但级数$1-1+1-1+\cdots$却是发散的.

推论 1 若加括号后所成的级数发散,则原来的级数也发散.

性质 4 在级数中去掉、加上或改变有限项,不会改变级数的敛散性.

性质 5(级数收敛的必要条件) 若级数$\sum\limits_{n=1}^{\infty}u_n$收敛,则$\lim\limits_{n\to\infty}u_n=0$.

推论 2 如果$\lim\limits_{n\to\infty}u_n\neq 0$,则级数$\sum\limits_{n=1}^{\infty}u_n$是发散的.

但应注意,$\lim\limits_{n\to\infty}u_n=0$只是级数收敛的必要条件,而不是充分条件,即一般项趋于零时,级数不一定收敛.

例如例 2 中的级数$\sum\limits_{n=1}^{\infty}\dfrac{1}{\sqrt{n+1}+\sqrt{n}}$,虽然$\lim\limits_{n\to\infty}u_n=\lim\limits_{n\to\infty}\dfrac{1}{\sqrt{n+1}+\sqrt{n}}=0$,但级数$\sum\limits_{n=1}^{\infty}\dfrac{1}{\sqrt{n+1}+\sqrt{n}}$却是发散的.

例 7 证明:**调和级数**

$$\sum_{n=1}^{\infty}\frac{1}{n}=1+\frac{1}{2}+\frac{1}{3}+\cdots+\frac{1}{n}+\cdots$$

是发散的.

证 假设级数$\sum\limits_{n=1}^{\infty}\dfrac{1}{n}$收敛,其部分和为$S_n=\sum\limits_{k=1}^{n}\dfrac{1}{k}$,且$\lim\limits_{n\to\infty}S_n=s$. 此时,对于级数$\sum\limits_{n=1}^{\infty}\dfrac{1}{n}$的部分和$S_{2n}=\sum\limits_{k=1}^{2n}\dfrac{1}{k}$,也有$\lim\limits_{n\to\infty}S_{2n}=s$,则

$$\lim_{n\to\infty}(S_{2n}-S_n)=s-s=0.$$

但

$$S_{2n}-S_n=\frac{1}{n+1}+\frac{1}{n+2}+\cdots+\frac{1}{2n}>\underbrace{\frac{1}{2n}+\frac{1}{2n}+\cdots+\frac{1}{2n}}_{n\text{项}}=\frac{1}{2},$$

所以

$$\lim_{n\to\infty}(S_{2n}-S_n)\geqslant\frac{1}{2}\neq 0.$$

这与假设级数收敛相矛盾,因此调和级数$\sum\limits_{n=1}^{\infty}\dfrac{1}{n}$必发散.

例 8 判别级数$\dfrac{1}{3}+\dfrac{1}{10}+\dfrac{1}{3^2}+\dfrac{1}{2\times 10}+\cdots+\dfrac{1}{3^n}+\dfrac{1}{10n}+\cdots$的敛散性.

解 将所给级数每相邻两项加括号得到新级数$\sum\limits_{n=1}^{\infty}\left(\dfrac{1}{3^n}+\dfrac{1}{10n}\right)$.

因为级数$\sum\limits_{n=1}^{\infty}\dfrac{1}{3^n}$收敛,而级数$\sum\limits_{n=1}^{\infty}\dfrac{1}{10n}=\dfrac{1}{10}\sum\limits_{n=1}^{\infty}\dfrac{1}{n}$发散,所以级数$\sum\limits_{n=1}^{\infty}\left(\dfrac{1}{3^n}+\dfrac{1}{10n}\right)$发散. 根据推论 1 可知,所给级数$\dfrac{1}{3}+\dfrac{1}{10}+\dfrac{1}{3^2}+\dfrac{1}{2\times 10}+\cdots+\dfrac{1}{3^n}+\dfrac{1}{10n}+\cdots$也发散.

例 9 求级数$\sum\limits_{n=1}^{\infty}\left[\dfrac{1}{2^n}+\dfrac{3}{n(n+1)}\right]$的和.

解 根据等比级数的结论知

$$\sum_{n=1}^{\infty}\frac{1}{2^n}=\frac{\frac{1}{2}}{1-\frac{1}{2}}=1.$$

而级数 $\sum_{n=1}^{\infty}\frac{3}{n(n+1)}$ 的一般项 $u_n=\frac{3}{n(n+1)}=3\left(\frac{1}{n}-\frac{1}{n+1}\right)$，则

$$\begin{aligned}S_n&=3\left[\frac{1}{1\cdot 2}+\frac{1}{2\cdot 3}+\cdots+\frac{1}{n(n+1)}\right]\\&=3\left[\left(1-\frac{1}{2}\right)+\left(\frac{1}{2}-\frac{1}{3}\right)+\cdots+\left(\frac{1}{n}-\frac{1}{n+1}\right)\right]\\&=3\left(1-\frac{1}{n+1}\right),\end{aligned}$$

得

$$\lim_{n\to\infty}S_n=\lim_{n\to\infty}3\left(1-\frac{1}{n+1}\right)=3,$$

即级数 $\sum_{n=1}^{\infty}\frac{3}{n(n+1)}$ 收敛，其和为 3.

因此，所给级数

$$\sum_{n=1}^{\infty}\left[\frac{1}{2^n}+\frac{3}{n(n+1)}\right]=\sum_{n=1}^{\infty}\frac{1}{2^n}+\sum_{n=1}^{\infty}\frac{3}{n(n+1)}=4.$$

小结

本节学习需注意以下几点：(1) 当加括号后的级数收敛时，不能断言原来未加括号的级数也收敛；(2) 在判别级数是否收敛时，往往先观察当 $n\to\infty$ 时一般项 u_n 是否趋于零；(3) 等比级数和调和级数是两个重要的级数，在判别其他级数的敛散性时经常用到.

应用导学

对于级数需要研究两个基本问题：第一，级数是否收敛？第二，如果级数收敛，其和是多少？其中敛散性是一个首先需要重点讨论的问题. 如果级数发散，则没有和；如果级数收敛，即使无法求出其和的精确值，也可估算出近似值，这对解决许多实际问题有很重要的作用.

习题 9-1

1. 判别下列级数的敛散性，若收敛，求其和：

(1) $\sum_{n=1}^{\infty}\frac{1}{(2n-1)(2n+1)}$；　　(2) $\sum_{n=1}^{\infty}(-1)^{n-1}\frac{2n-1}{2n}$；

(3) $\sum_{n=1}^{\infty}\ln\frac{n}{n+1}$；　　(4) $\sum_{n=1}^{\infty}(\sqrt{n+2}-2\sqrt{n+1}+\sqrt{n})$.

2. 设级数 $\sum_{n=1}^{\infty} u_n$ 收敛于 s,讨论级数 $\sum_{n=1}^{\infty}(u_n+u_{n+1})$ 的敛散性,若收敛,求其和.

3. (1) 若级数 $\sum_{n=1}^{\infty} u_n$ 收敛,而级数 $\sum_{n=1}^{\infty} v_n$ 发散,那么级数 $\sum_{n=1}^{\infty}(u_n+v_n)$ 收敛还是发散?

(2) 若级数 $\sum_{n=1}^{\infty} u_n$ 与 $\sum_{n=1}^{\infty} v_n$ 都发散,那么级数 $\sum_{n=1}^{\infty}(u_n+v_n)$ 收敛还是发散?

4. 判别下列级数的敛散性,若收敛,求其和:

(1) $\left(\frac{1}{5}-\frac{4}{9}\right)+\left(\frac{1}{5^2}-\frac{4}{9^2}\right)+\left(\frac{1}{5^3}-\frac{4}{9^3}\right)+\cdots$;

(2) $\frac{1}{2}+\frac{1}{3}+\frac{1}{4}+\frac{1}{6}+\frac{1}{8}+\frac{1}{9}+\cdots+\frac{1}{2^n}+\frac{1}{3n}+\cdots$;

(3) $\sum_{n=1}^{\infty}\left(n\ln\frac{n+2}{n}-1\right)$.

第二节　正项级数

在判别级数的敛散性时,除少数级数外,直接考察级数部分和数列的极限是否存在是很困难的,因而根据敛散性的定义判别级数的敛散性往往是不可行的,还需要借助一些其他判别方法.能否找到更简单有效的判别方法呢?我们可以先从最简单的一类级数——正项级数找到突破口.本节将介绍正项级数一些常用的审敛法.

一、正项级数

所谓正项级数是指级数的各项均非负,即一般项 $u_n \geqslant 0$.

正项级数是很重要的一类级数,以后许多级数的敛散性问题都可归结为正项级数的敛散性问题.

定理 1(充要条件)　**正项级数 $\sum_{n=1}^{\infty} u_n$ 收敛的充要条件是其部分和数列 $\{S_n\}$ 有界.**

证　设 $\sum_{n=1}^{\infty} u_n$ 是正项级数,其部分和数列为 $\{S_n\}$,则数列 $\{S_n\}$ 是单调增加的.

充分性　若部分和数列 $\{S_n\}$ 有界,则数列 $\{S_n\}$ 是单调有界的.由数列极限存在的判别准则可知,$\lim_{n\to\infty} S_n$ 存在,所以级数 $\sum_{n=1}^{\infty} u_n$ 收敛.

必要性　若正项级数 $\sum_{n=1}^{\infty} u_n$ 收敛,则 $\lim_{n\to\infty} S_n$ 存在.由极限存在的数列必有界,得数列 $\{S_n\}$ 有界.

二、正项级数的审敛法

定理 2(比较审敛法)　**设 $\sum_{n=1}^{\infty} u_n$ 和 $\sum_{n=1}^{\infty} v_n$ 都是正项级数,且 $u_n \leqslant v_n (n=1,2,\cdots)$.**

(1) **若级数 $\sum_{n=1}^{\infty} v_n$ 收敛，则级数 $\sum_{n=1}^{\infty} u_n$ 也收敛；**

(2) **若级数 $\sum_{n=1}^{\infty} u_n$ 发散，则级数 $\sum_{n=1}^{\infty} v_n$ 也发散.**

证明从略.

例 1 判别级数 $\sum_{n=1}^{\infty} \frac{1}{2^n}\sin^2\frac{n\pi}{3}$ 的敛散性.

解 因为

$$u_n = \frac{1}{2^n}\sin^2\frac{n\pi}{3} \leqslant \frac{1}{2^n},$$

而级数 $\sum_{n=1}^{\infty} \frac{1}{2^n}$ 是公比为 $q = \frac{1}{2} < 1$ 的等比级数，是收敛的，所以由比较审敛法可知，级数 $\sum_{n=1}^{\infty} \frac{1}{2^n}\sin^2\frac{n\pi}{3}$ 收敛.

例 2 判别级数 $\sum_{n=1}^{\infty} \frac{1}{\sqrt{n(n+1)}}$ 的敛散性.

解 因为

$$n(n+1) < (n+1)^2,$$

所以

$$\frac{1}{n+1} < \frac{1}{\sqrt{n(n+1)}}.$$

而 $\sum_{n=1}^{\infty} \frac{1}{n+1} = \frac{1}{2} + \frac{1}{3} + \cdots + \frac{1}{n+1}$ 是去掉首项的调和级数，是发散的，所以由比较审敛法可知，级数 $\sum_{n=1}^{\infty} \frac{1}{\sqrt{n(n+1)}}$ 是发散的.

例 3 讨论 p-级数

$$\sum_{n=1}^{\infty} \frac{1}{n^p} = 1 + \frac{1}{2^p} + \frac{1}{3^p} + \cdots \quad (p\text{ 为常数})$$

的敛散性.

解 当 $p = 1$ 时，p-级数就是调和级数 $\sum_{n=1}^{\infty} \frac{1}{n}$，所以级数 $\sum_{n=1}^{\infty} \frac{1}{n^p}$ 发散.

当 $p < 1$ 时，因为 $\frac{1}{n} < \frac{1}{n^p}$，而 $\sum_{n=1}^{\infty} \frac{1}{n}$ 发散，所以由比较审敛法可知，级数 $\sum_{n=1}^{\infty} \frac{1}{n^p}$ 发散.

当 $p > 1$ 时，设 $n-1 \leqslant x \leqslant n$，则 $\frac{1}{n^p} \leqslant \frac{1}{x^p}$. 根据定积分的性质，有

$$\begin{aligned}\frac{1}{n^p} &= \int_{n-1}^{n} \frac{1}{n^p}\mathrm{d}x \leqslant \int_{n-1}^{n} \frac{1}{x^p}\mathrm{d}x = \frac{1}{1-p}x^{-p+1}\Big|_{n-1}^{n} \\ &= \frac{1}{1-p}\left[n^{1-p} - (n-1)^{1-p}\right] \\ &= \frac{1}{p-1}\left[\frac{1}{(n-1)^{p-1}} - \frac{1}{n^{p-1}}\right].\end{aligned}$$

而级数$\sum\limits_{n=2}^{\infty}\left[\frac{1}{(n-1)^{p-1}}-\frac{1}{n^{p-1}}\right]$的部分和

$$\begin{aligned}S_n&=\left(1-\frac{1}{2^{p-1}}\right)+\left(\frac{1}{2^{p-1}}-\frac{1}{3^{p-1}}\right)+\cdots+\left[\frac{1}{n^{p-1}}-\frac{1}{(n+1)^{p-1}}\right]\\&=1-\frac{1}{(n+1)^{p-1}},\end{aligned}$$

则

$$\lim_{n\to\infty}S_n=\lim_{n\to\infty}\left[1-\frac{1}{(n+1)^{p-1}}\right]=1,$$

即级数$\sum\limits_{n=2}^{\infty}\left[\frac{1}{(n-1)^{p-1}}-\frac{1}{n^{p-1}}\right]$收敛. 故由比较审敛法可知,级数$\sum\limits_{n=1}^{\infty}\frac{1}{n^p}$也收敛.

综上所述,p-级数$\sum\limits_{n=1}^{\infty}\frac{1}{n^p}$在$p\leqslant 1$时发散,$p>1$时收敛.

例 4 判别级数$\sum\limits_{n=1}^{\infty}\frac{2n+1}{(n+1)^2(n+2)^2}$的敛散性.

解 因为

$$\frac{2n+1}{(n+1)^2(n+2)^2}<\frac{2n+2}{(n+1)^2(n+2)^2}<\frac{2}{(n+1)^3}<\frac{2}{n^3},$$

而级数$\sum\limits_{n=1}^{\infty}\frac{2}{n^3}$是收敛的,所以由比较审敛法可知,所给级数收敛.

注 比较审敛法是判别正项级数敛散性的一个重要方法. 对于一个给定的正项级数,如果要用比较审敛法来判别其敛散性,则要通过观察找到另一个已知敛散性的级数与其进行比较,并应用比较审敛法进行判断. 只有知道一些重要级数的敛散性,并加以灵活应用,才能熟练掌握比较审敛法. 我们已知等比级数、调和级数以及p-级数的敛散性,对这三类级数的敛散性应牢记.

应用比较审敛法来判别给定级数的敛散性时,必须建立给定级数的一般项与某一已知敛散性的级数的一般项之间的不等式,但有时直接建立这样的不等式并不容易,为应用方便,我们给出比较审敛法的极限形式.

定理 3(比较审敛法的极限形式) **设$\sum\limits_{n=1}^{\infty}u_n$和$\sum\limits_{n=1}^{\infty}v_n$都是正项级数. 若$v_n\neq 0$,且$\lim\limits_{n\to\infty}\frac{u_n}{v_n}=l$,那么**

(1) **当$0<l<+\infty$时,级数$\sum\limits_{n=1}^{\infty}u_n$与$\sum\limits_{n=1}^{\infty}v_n$具有相同的敛散性;**

(2) **当$l=0$且级数$\sum\limits_{n=1}^{\infty}v_n$收敛时,则级数$\sum\limits_{n=1}^{\infty}u_n$也收敛;**

(3) **当$l=+\infty$且级数$\sum\limits_{n=1}^{\infty}v_n$发散时,则级数$\sum\limits_{n=1}^{\infty}u_n$也发散.**

证明从略.

例 5 判别级数$\sum\limits_{n=1}^{\infty}\sin\frac{\pi}{n}$的敛散性.

解 因为

$$\lim_{n\to\infty}\frac{\sin\frac{\pi}{n}}{\frac{\pi}{n}}=1>0,$$

而级数 $\sum_{n=1}^{\infty}\frac{\pi}{n}=\pi\sum_{n=1}^{\infty}\frac{1}{n}$ 是发散的，所以由比较审敛法的极限形式可知，级数 $\sum_{n=1}^{\infty}\sin\frac{\pi}{n}$ 发散.

例 6 判别级数 $\sum_{n=1}^{\infty}\ln\left(1+\frac{1}{n^2}\right)$ 的敛散性.

解 因为

$$\lim_{n\to\infty}\frac{\ln\left(1+\frac{1}{n^2}\right)}{\frac{1}{n^2}}=1>0,$$

而级数 $\sum_{n=1}^{\infty}\frac{1}{n^2}$ 是收敛的，所以由比较审敛法的极限形式可知，级数 $\sum_{n=1}^{\infty}\ln\left(1+\frac{1}{n^2}\right)$ 收敛.

我们看到，无论是比较审敛法，还是比较审敛法的极限形式，都要选择一个适当的级数，借助其敛散性来做出判断，而这个级数的选取，有时并不容易. 下面介绍的几种审敛法是利用级数自身的条件来判别级数敛散性的.

定理 4（比值审敛法，达朗贝尔（d'Alembert）判别法） **设 $\sum_{n=1}^{\infty}u_n$ 为正项级数，$u_n\neq 0$，且 $\lim_{n\to\infty}\frac{u_{n+1}}{u_n}=\rho$，则**

(1) 当 $\rho<1$ 时，级数 $\sum_{n=1}^{\infty}u_n$ 收敛；

(2) 当 $\rho>1$（或 $\rho=+\infty$）时，级数 $\sum_{n=1}^{\infty}u_n$ 发散.

证明从略.

注 当 $\rho=1$ 时，级数可能收敛也可能发散，不能用此法判别级数的敛散性，只能用其他方法判别.

例如 p-级数 $\sum_{n=1}^{\infty}\frac{1}{n^p}$，无论 p 为何值，都有

$$\lim_{n\to\infty}\frac{\frac{1}{(n+1)^p}}{\frac{1}{n^p}}=1.$$

但我们知道，当 $p\leqslant 1$ 时级数发散，而当 $p>1$ 时级数收敛.

例 7 判别正项级数 $\sum_{n=2}^{\infty}\frac{n-1}{2^n}$ 的敛散性.

解 因为

$$\lim_{n\to\infty}\frac{u_{n+1}}{u_n}=\lim_{n\to\infty}\left(\frac{n}{2^{n+1}}\cdot\frac{2^n}{n-1}\right)=\lim_{n\to\infty}\frac{n}{2(n-1)}=\frac{1}{2}<1,$$

所以由比值审敛法可知,级数$\sum_{n=2}^{\infty}\frac{n-1}{2^n}$收敛.

例 8 判别正项级数$\sum_{n=1}^{\infty}\frac{n!}{10^n}$的敛散性.

解 因为

$$\lim_{n\to\infty}\frac{u_{n+1}}{u_n}=\lim_{n\to\infty}\left[\frac{(n+1)!}{10^{n+1}}\cdot\frac{10^n}{n!}\right]=\lim_{n\to\infty}\frac{n+1}{10}=+\infty,$$

所以由比值审敛法可知,级数$\sum_{n=1}^{\infty}\frac{n!}{10^n}$发散.

例 9 判别正项级数$\sum_{n=1}^{\infty}\frac{n^2}{\left(2+\frac{1}{n}\right)^n}$的敛散性.

解 因为$\frac{n^2}{\left(2+\frac{1}{n}\right)^n}<\frac{n^2}{2^n}$,而对于正项级数$\sum_{n=1}^{\infty}\frac{n^2}{2^n}$,有

$$\lim_{n\to\infty}\frac{u_{n+1}}{u_n}=\lim_{n\to\infty}\left[\frac{(n+1)^2}{2^{n+1}}\cdot\frac{2^n}{n^2}\right]=\lim_{n\to\infty}\frac{1}{2}\left(1+\frac{1}{n}\right)^2=\frac{1}{2}<1,$$

所以由比值审敛法可知,级数$\sum_{n=1}^{\infty}\frac{n^2}{2^n}$收敛,再由比较审敛法可知所给级数亦收敛.

定理 5(根值审敛法,柯西判别法) **设正项级数$\sum_{n=1}^{\infty}u_n$的一般项满足$\lim_{n\to\infty}\sqrt[n]{u_n}=\rho$,则**

(1) 当$\rho<1$时,级数$\sum_{n=1}^{\infty}u_n$收敛;

(2) 当$\rho>1$(或$\rho=+\infty$)时,级数$\sum_{n=1}^{\infty}u_n$发散.

证明从略.

注 当$\rho=1$时,级数可能收敛也可能发散,不能用此法判别级数的敛散性,只能用其他方法判别.

例如p-级数$\sum_{n=1}^{\infty}\frac{1}{n^p}$,无论$p$为何值,都有

$$\lim_{n\to\infty}\sqrt[n]{u_n}=\lim_{n\to\infty}\sqrt[n]{\frac{1}{n^p}}=\lim_{n\to\infty}\left(\frac{1}{\sqrt[n]{n}}\right)^p=1.$$

但我们知道,当$p\leqslant 1$时级数发散,而当$p>1$时级数收敛.

例 10 判别正项级数$\sum_{n=1}^{\infty}\left(1-\frac{1}{n}\right)^{n^2}$的敛散性.

解 一般项含有n次方,可采用根值审敛法.因为

$$\lim_{n\to\infty}\sqrt[n]{u_n}=\lim_{n\to\infty}\sqrt[n]{\left(1-\frac{1}{n}\right)^{n^2}}=\lim_{n\to\infty}\left(1-\frac{1}{n}\right)^n=\frac{1}{\mathrm{e}}<1,$$

所以由根值审敛法可知所给级数收敛.

例 11 判别正项级数$\sum_{n=1}^{\infty}\frac{3^{n^2}}{n^n}$的敛散性.

解　因为

$$\lim_{n\to\infty}\sqrt[n]{u_n}=\lim_{n\to\infty}\frac{3^n}{n}=\lim_{n\to\infty}\frac{3^n\ln 3}{1}=+\infty,$$

所以由根值审敛法可知所给级数发散.

小结

本节学习需注意:判别正项级数敛散性的四种常用方法分别是比较审敛法、比较审敛法的极限形式、比值审敛法和根值审敛法. 比较审敛法及其极限形式需借助已知级数的敛散性来做出判断. 与之相比,比值审敛法和根值审敛法用起来比较简单,但它也有局限性,失效时需用其他方法来判别级数的敛散性.

应用导学

等比级数、调和级数和 p-级数是三个重要的级数,在判别其他级数的敛散性时经常用到. 判别正项级数的敛散性对后续幂级数及函数的幂级数展开式在数值计算中的应用都有重要作用,要牢牢掌握正项级数敛散性判别的四种方法.

习题 9－2

1. 利用比较审敛法或其极限形式判别下列级数的敛散性:

(1) $\sum\limits_{n=1}^{\infty}\left(\frac{n}{3n+1}\right)^n$;　　(2) $\sum\limits_{n=1}^{\infty}\left(1-\cos\frac{\pi}{n}\right)$;

(3) $\sum\limits_{n=1}^{\infty}\frac{1+n}{1+n^2}$;　　(4) $\sum\limits_{n=1}^{\infty}\frac{1}{\sqrt{n+1}}$;

(5) $\sum\limits_{n=1}^{\infty}2^n\sin\frac{\pi}{3^n}$;　　(6) $\sum\limits_{n=1}^{\infty}\ln\left(1+\frac{1}{n^p}\right)$.

2. 利用比值审敛法判别下列级数的敛散性:

(1) $\sum\limits_{n=1}^{\infty}\frac{1}{2^{2n-1}(2n-1)}$;　　(2) $\sum\limits_{n=1}^{\infty}\frac{\left(n\sin\frac{n\pi}{2}\right)^2}{2^n}$;

(3) $\sum\limits_{n=1}^{\infty}\frac{3^n n!}{n^n}$.

3. 利用根值审敛法判别下列级数的敛散性:

(1) $\sum\limits_{n=1}^{\infty}\left(\frac{n}{5n-2}\right)^{2n}$;　　(2) $\sum\limits_{n=1}^{\infty}\frac{1}{2^n}\left(1+\frac{1}{n}\right)^{n^2}$;

(3) $\sum\limits_{n=1}^{\infty}\left(\frac{b}{a}\right)^n$ $(a,b>0)$.

4. 判别级数 $\sum\limits_{n=1}^{\infty}\frac{n\cos^2\frac{n\pi}{6}}{2^n}$ 的敛散性.

5. 判别级数 $\sum_{n=1}^{\infty}\frac{2+(-1)^n}{2^n}$ 的敛散性.

第三节　任意项级数

前面我们讨论了正项级数的敛散性问题,这一节我们将讨论任意项级数的敛散性问题.这里任意项级数是指级数的各项可以是正数、负数或零.

下面我们先讨论交错级数的敛散性问题,再讨论任意项级数的敛散性问题.

一、交错级数

所谓**交错级数**就是各项正负相间的级数,即

$$\sum_{n=1}^{\infty}(-1)^{n-1}u_n=u_1-u_2+u_3-u_4+\cdots+(-1)^{n-1}u_n+\cdots \tag{9-3-1}$$

或

$$\sum_{n=1}^{\infty}(-1)^{n}u_n=-u_1+u_2-u_3+u_4-\cdots+(-1)^{n}u_n+\cdots, \tag{9-3-2}$$

其中 $u_n>0$. 由于交错级数 $\sum_{n=1}^{\infty}(-1)^n u_n$ 的各项乘以 -1 后,就变成 $\sum_{n=1}^{\infty}(-1)^{n-1}u_n$ 的形式,且不改变其敛散性,因此下面我们就只讨论交错级数 $\sum_{n=1}^{\infty}(-1)^{n-1}u_n$ 的敛散性.

定理 1(莱布尼茨定理)　**如果交错级数 $\sum_{n=1}^{\infty}(-1)^{n-1}u_n$ 满足:**

(1) $u_n\geqslant u_{n+1}$ $(n=1,2,\cdots)$;

(2) $\lim\limits_{n\to\infty}u_n=0$,

则级数 $\sum_{n=1}^{\infty}(-1)^{n-1}u_n$ 收敛,且其和 $s\leqslant u_1$,其余项的绝对值 $|R_n|\leqslant u_{n+1}$.

证　先证此级数的前 $2n$ 项部分和 S_{2n} 的极限存在. 把 S_{2n} 写成

$$S_{2n}=(u_1-u_2)+(u_3-u_4)+\cdots+(u_{2n-1}-u_{2n}).$$

由于 $u_n\geqslant u_{n+1}$,因此 S_{2n} 中的每一个括号内的差均非负,可知 S_{2n} 随着 n 的增大而增大. 再把 S_{2n} 写成

$$S_{2n}=u_1-(u_2-u_3)-(u_4-u_5)-\cdots-(u_{2n-2}-u_{2n-1})-u_{2n},$$

由此可见

$$S_{2n}\leqslant u_1.$$

根据单调有界数列必有极限的准则知道,数列 $\{S_{2n}\}$ 存在极限 s,即

$$\lim_{n\to\infty}S_{2n}=s\leqslant u_1.$$

再证前 $2n+1$ 项部分和的极限存在. 由于 $S_{2n+1}=S_{2n}+u_{2n+1}$,且 $\lim\limits_{n\to\infty}u_{2n+1}=0$,因此

$$\lim_{n\to\infty} S_{2n+1} = \lim_{n\to\infty} S_{2n} + \lim_{n\to\infty} u_{2n+1} = s \leqslant u_1.$$

综上可得，$\lim\limits_{n\to\infty} S_n = s \leqslant u_1$，即级数 $\sum\limits_{n=1}^{\infty}(-1)^{n-1}u_n$ 收敛，其和 $s \leqslant u_1$.

最后将余项的绝对值 $|R_n|$ 写成

$$|R_n| = u_{n+1} - u_{n+2} + \cdots,$$

它也是一个交错级数，且满足收敛的两个条件，因此 $|R_n| \leqslant u_{n+1}$.

例 1　判别交错级数

$$\sum_{n=1}^{\infty}(-1)^{n-1}\frac{1}{n} = 1 - \frac{1}{2} + \frac{1}{3} - \frac{1}{4} + \cdots + (-1)^{n-1}\frac{1}{n} + \cdots$$

的敛散性.

解　因为

$$u_n = \frac{1}{n} > \frac{1}{n+1} = u_{n+1} \quad (n = 1,2,\cdots),$$

且 $\lim\limits_{n\to\infty} u_n = \lim\limits_{n\to\infty}\frac{1}{n} = 0$，所以级数 $\sum\limits_{n=1}^{\infty}(-1)^{n-1}\frac{1}{n}$ 收敛.

例 2　判别交错级数 $\sum\limits_{n=1}^{\infty}(-1)^{n-1}\frac{n}{2n+1}$ 的敛散性.

解　因为

$$\lim_{n\to\infty} u_n = \lim_{n\to\infty}\frac{n}{2n+1} = \frac{1}{2} \neq 0,$$

所以级数 $\sum\limits_{n=1}^{\infty}(-1)^{n-1}\frac{n}{2n+1}$ 发散.

例 3　判别级数 $\sum\limits_{n=2}^{\infty}(-1)^{n-1}\frac{\ln n}{n}$ 的敛散性.

解　由于 $u_n = \frac{\ln n}{n} > 0(n = 2,3,\cdots)$，因此 $\sum\limits_{n=1}^{\infty}(-1)^{n-1}\frac{\ln n}{n}$ 是交错级数.

令函数 $f(x) = \frac{\ln x}{x}(x > 3)$，有

$$f'(x) = \frac{1-\ln x}{x^2} < 0 \quad (x > 3),$$

即当 $n > 3$ 时，$\left\{\frac{\ln n}{n}\right\}$ 是单调减少数列，有 $u_n \geqslant u_{n+1}$.

再利用洛必达法则，有

$$\lim_{n\to\infty}\frac{\ln n}{n} = \lim_{x\to+\infty}\frac{\ln x}{x} = \lim_{x\to+\infty}\frac{1}{x} = 0,$$

则由莱布尼茨定理知级数 $\sum\limits_{n=2}^{\infty}(-1)^{n-1}\frac{\ln n}{n}$ 收敛.

注　判别交错级数 $\sum\limits_{n=1}^{\infty}(-1)^{n-1}f(n)(f(n) > 0)$ 的敛散性时，如果数列 $\{f(n)\}$ 单调减少的性质不容易判断，则可通过验证当 x 充分大时 $f'(x) \leqslant 0$ 来判断当 n 充分大时数列

$\{f(n)\}$ 单调减少;如果直接求极限 $\lim\limits_{n\to\infty} f(n)$ 比较困难,则亦可通过求 $\lim\limits_{x\to+\infty} f(x)$(假定它存在)来求 $\lim\limits_{n\to\infty} f(n)$.

二、绝对收敛与条件收敛

前面讨论的正项级数、交错级数都是形式比较特殊的级数,现在我们讨论任意项级数

$$\sum_{n=1}^{\infty} u_n = u_1 + u_2 + \cdots + u_n + \cdots, \tag{9-3-3}$$

其中一般项 u_n 可以为任意实数.

对任意项级数的各项取绝对值,就构造了一个正项级数

$$\sum_{n=1}^{\infty} |u_n| = |u_1| + |u_2| + \cdots + |u_n| + \cdots, \tag{9-3-4}$$

称级数 $\sum\limits_{n=1}^{\infty} |u_n|$ 为原级数 $\sum\limits_{n=1}^{\infty} u_n$ 的**绝对值级数**. 这两个级数之间有着重要的关系.

定理 2 **如果绝对值级数 $\sum\limits_{n=1}^{\infty} |u_n|$ 收敛,则级数 $\sum\limits_{n=1}^{\infty} u_n$ 也收敛.**

证 设级数 $\sum\limits_{n=1}^{\infty} |u_n|$ 收敛. 因为

$$0 \leqslant u_n + |u_n| \leqslant 2|u_n|,$$

所以由比较审敛法知,正项级数 $\sum\limits_{n=1}^{\infty} (u_n + |u_n|)$ 是收敛的. 再由收敛级数的基本性质可知,级数

$$\sum_{n=1}^{\infty} u_n = \sum_{n=1}^{\infty} [(u_n + |u_n|) - |u_n|]$$

也收敛.

注 (1) 定理 2 给出了判别任意项级数敛散性的一个常用方法,即将任意项级数的敛散性判别问题转化为正项级数的敛散性判别问题. 如果用正项级数的审敛法判别级数 $\sum\limits_{n=1}^{\infty} |u_n|$ 收敛,则级数 $\sum\limits_{n=1}^{\infty} u_n$ 一定收敛.

(2) 定理 2 的逆命题不成立,即若级数 $\sum\limits_{n=1}^{\infty} u_n$ 收敛,不能判别级数 $\sum\limits_{n=1}^{\infty} |u_n|$ 也收敛. 例如,级数 $\sum\limits_{n=1}^{\infty} (-1)^{n-1} \dfrac{1}{n}$ 收敛,而 $\sum\limits_{n=1}^{\infty} \left|(-1)^{n-1} \dfrac{1}{n}\right| = \sum\limits_{n=1}^{\infty} \dfrac{1}{n}$ 为调和级数,是发散的.

(3) 一般来说,如果级数 $\sum\limits_{n=1}^{\infty} |u_n|$ 发散,不能判别级数 $\sum\limits_{n=1}^{\infty} u_n$ 也发散,但如果用比值审敛法或根值审敛法判别级数 $\sum\limits_{n=1}^{\infty} |u_n|$ 发散,则可判别级数 $\sum\limits_{n=1}^{\infty} u_n$ 必发散. 因为用以上两种方法判别级数 $\sum\limits_{n=1}^{\infty} |u_n|$ 发散的依据是当 $\lim\limits_{n\to\infty} |u_n| \neq 0$ 时,$\lim\limits_{n\to\infty} u_n \neq 0$,从而级数 $\sum\limits_{n=1}^{\infty} u_n$ 发散.

下面我们给出一个定义.

定义 1　如果级数 $\sum\limits_{n=1}^{\infty}|u_n|$ 收敛，则称级数 $\sum\limits_{n=1}^{\infty}u_n$ 是**绝对收敛**的；如果级数 $\sum\limits_{n=1}^{\infty}|u_n|$ 发散，但级数 $\sum\limits_{n=1}^{\infty}u_n$ 收敛，则称级数 $\sum\limits_{n=1}^{\infty}u_n$ 是**条件收敛**的.

对于任意项级数，我们应当判别它是绝对收敛、条件收敛还是发散的.

例 4　判别级数 $\sum\limits_{n=1}^{\infty}\frac{\sin n}{n^2}$ 的敛散性，若收敛，是绝对收敛还是条件收敛？

解　因为

$$\left|\frac{\sin n}{n^2}\right|\leqslant\frac{1}{n^2},$$

而级数 $\sum\limits_{n=1}^{\infty}\frac{1}{n^2}$ 收敛，所以由比较审敛法可知，级数 $\sum\limits_{n=1}^{\infty}\left|\frac{\sin n}{n^2}\right|$ 收敛，故级数 $\sum\limits_{n=1}^{\infty}\frac{\sin n}{n^2}$ 绝对收敛.

例 5　判别级数 $\sum\limits_{n=1}^{\infty}(-1)^{n-1}\ln\left(1+\frac{2}{n}\right)$ 的敛散性，若收敛，是绝对收敛还是条件收敛？

解　因为

$$\left|(-1)^{n-1}\ln\left(1+\frac{2}{n}\right)\right|=\ln\left(1+\frac{2}{n}\right),$$

有

$$\lim_{n\to\infty}\frac{\ln\left(1+\frac{2}{n}\right)}{\frac{2}{n}}=\ln\mathrm{e}=1,$$

而级数 $\sum\limits_{n=1}^{\infty}\frac{2}{n}$ 发散，所以由比较审敛法的极限形式可知，级数 $\sum\limits_{n=1}^{\infty}\left|(-1)^{n+1}\ln\left(1+\frac{2}{n}\right)\right|$ 也发散.

所给级数是交错级数，且满足：

(1) $u_n=\ln\left(1+\frac{2}{n}\right)>\ln\left(1+\frac{2}{n+1}\right)=u_{n+1}$；

(2) $\lim\limits_{n\to\infty}u_n=\lim\limits_{n\to\infty}\ln\left(1+\frac{2}{n}\right)=0$，

由莱布尼茨定理可知，级数 $\sum\limits_{n=1}^{\infty}(-1)^{n-1}\ln\left(1+\frac{2}{n}\right)$ 收敛. 因此，所给级数是条件收敛的.

例 6　判别级数 $\sum\limits_{n=1}^{\infty}(-1)^{n-1}\frac{2n+1}{2^n}$ 的敛散性，若收敛，是绝对收敛还是条件收敛？

解　因为

$$\lim_{n\to\infty}\left|\frac{u_{n+1}}{u_n}\right|=\lim_{n\to\infty}\left(\frac{2n+3}{2^{n+1}}\cdot\frac{2^n}{2n+1}\right)=\frac{1}{2}<1,$$

所以由正项级数的比值审敛法可知，级数 $\sum\limits_{n=1}^{\infty}\left|(-1)^{n-1}\frac{2n+1}{2^n}\right|$ 收敛，故所给级数绝对收敛.

例 7 判别级数 $\sum_{n=1}^{\infty}(-1)^n\frac{1}{2^n}\left(1+\frac{1}{n}\right)^{n^2}$ 的敛散性,若收敛,是绝对收敛还是条件收敛?

解 因为 $|u_n|=\frac{1}{2^n}\left(1+\frac{1}{n}\right)^{n^2}$,且

$$\lim_{n\to\infty}\sqrt[n]{|u_n|}=\lim_{n\to\infty}\frac{1}{2}\left(1+\frac{1}{n}\right)^n=\frac{1}{2}\mathrm{e}>1,$$

可知 $\lim\limits_{n\to\infty}u_n\neq 0$,所以所给级数发散.

小结

本节学习应注意:判别级数敛散性问题,要先区分级数的类型,确定适当的方法.对于任意项级数,先判别级数 $\sum_{n=1}^{\infty}|u_n|$ 是否收敛,若收敛,则级数 $\sum_{n=1}^{\infty}u_n$ 绝对收敛;若发散,则继续判别级数 $\sum_{n=1}^{\infty}u_n$ 是否收敛,若收敛,此时级数 $\sum_{n=1}^{\infty}u_n$ 条件收敛,否则发散.

应用导学

任意项级数的敛散性判别对函数项级数(特别是幂级数)是否收敛、若收敛其和等于多少及数值计算应用等问题有重要影响.

习题 9-3

1. 判别下列级数的敛散性:

(1) $\sum_{n=1}^{\infty}(-1)^{n-1}\frac{1}{\ln(n+1)}$;　　(2) $\sum_{n=1}^{\infty}(-1)^{n-1}\frac{1}{n^4}$;

(3) $\sum_{n=1}^{\infty}(-1)^{n-1}\frac{1}{3\cdot 2^n}$;　　(4) $\sum_{n=1}^{\infty}\cos n\pi$.

2. 判别下列级数的敛散性,若收敛,是绝对收敛还是条件收敛?

(1) $\sum_{n=1}^{\infty}(-1)^{n-1}\frac{1}{\sqrt{n}}$;　　(2) $\sum_{n=1}^{\infty}\frac{\sin n}{\sqrt{n^3}}$;

(3) $\sum_{n=1}^{\infty}(-1)^{n-1}\sin\frac{\pi}{2^n}$;　　(4) $\sum_{n=1}^{\infty}(-1)^{n-1}\frac{n+1}{3n-2}$.

第四节　幂　级　数

一、函数项级数的概念

设$\{u_n(x)\}$是定义在区间 I 上的一个函数列，称

$$\sum_{n=1}^{\infty} u_n(x) = u_1(x) + u_2(x) + \cdots + u_n(x) + \cdots \tag{9-4-1}$$

为定义在区间 I 上的(**函数项**) **无穷级数**,简称(**函数项**) **级数**,$u_n(x)$ 是它的**一般项**(**或通项**). 称

$$S_n(x) = u_1(x) + u_2(x) + \cdots + u_n(x)$$

为前 n 项**部分和函数**.

对于每一个确定的值 $x_0 \in I$,函数项级数(9-4-1) 就成为常数项级数

$$\sum_{n=1}^{\infty} u_n(x_0) = u_1(x_0) + u_2(x_0) + \cdots + u_n(x_0) + \cdots. \tag{9-4-2}$$

若级数(9-4-2) 收敛,则称 x_0 是函数项级数(9-4-1) 的**收敛点**;若级数(9-4-2) 发散,则称 x_0 是函数项级数(9-4-1) 的**发散点**.

函数项级数(9-4-1) 的收敛点的全体所构成的集合称为其**收敛域**,发散点的全体所构成的集合称为其**发散域**.

对应于函数项级数的收敛域 D 内任意一个数 x,函数项级数成为一个收敛的常数项级数,因而它有一个确定的和 s. 这样,在收敛域 D 内,函数项级数的和是 x 的函数,记作 $s(x)$. 通常称 $s(x)$ 为函数项级数的**和函数**,其定义域就是函数项级数的收敛域.

在收敛域 D 内,有

$$\lim_{n\to\infty} S_n(x) = s(x) \quad (x \in D).$$

称 $R_n(x) = s(x) - S_n(x)$ 为函数项级数的**余项**,当 $x \in D$ 时,有 $\lim\limits_{n\to\infty} R_n(x) = 0$.

函数项级数在某区域的敛散性问题,是指函数项级数在该区域内任意一点处的敛散性问题,而函数项级数在点 x 处的敛散性问题,实质上是常数项级数的敛散性问题. 这样,我们就可以利用常数项级数的敛散性判别法来判别函数项级数的敛散性.

二、幂级数及其收敛域的求法

在函数项级数中,简单而又常见的一类级数就是各项都是常数乘以幂函数的函数项级数. 我们把形如

$$\sum_{n=0}^{\infty} a_n x^n = a_0 + a_1 x + a_2 x^2 + \cdots + a_n x^n + \cdots \tag{9-4-3}$$

或

$$\sum_{n=0}^{\infty}a_n(x-x_0)^n=a_0+a_1(x-x_0)+a_2(x-x_0)^2+\cdots+a_n(x-x_0)^n+\cdots \tag{9-4-4}$$

的函数项级数称为**幂级数**,其中常数 $a_0,a_1,a_2,\cdots,a_n,\cdots$ 称为幂级数的**系数**.

在幂级数 $\sum\limits_{n=0}^{\infty}a_n(x-x_0)^n$ 中,如果令 $t=x-x_0$,则幂级数就变为 $\sum\limits_{n=0}^{\infty}a_nt^n$ 的形式,因此主要讨论 $\sum\limits_{n=0}^{\infty}a_nx^n$ 这种形式的幂级数.

我们在讨论幂级数时,主要讨论幂级数的收敛域和发散域,即 x 取哪些值时幂级数收敛,取哪些值时幂级数发散. 这就是幂级数的敛散性问题.

例 1 考察幂级数

$$\sum_{n=0}^{\infty}x^n=1+x+x^2+\cdots+x^n+\cdots$$

的敛散性及其收敛域和发散域.

解 当 x 任取某一定值时,它是一个公比为 x 的等比级数,所以当 $|x|<1$ 时,幂级数 $\sum\limits_{n=0}^{\infty}x^n$ 收敛于和 $s(x)=\dfrac{1}{1-x}$;当 $|x|\geqslant 1$ 时,幂级数 $\sum\limits_{n=0}^{\infty}x^n$ 发散.

因此,幂级数 $\sum\limits_{n=0}^{\infty}x^n$ 的收敛域是 $(-1,1)$,和函数是 $s(x)=\dfrac{1}{1-x}$,即有

$$\sum_{n=0}^{\infty}x^n=1+x+x^2+\cdots+x^n+\cdots=\frac{1}{1-x}\quad(-1<x<1),$$

发散域是 $(-\infty,-1]\cup[1,+\infty)$.

从上例我们看到,此幂级数的收敛域是一个开区间.

显然当 $x=0$ 时,幂级数 $\sum\limits_{n=0}^{\infty}a_nx^n$ 必收敛,即 $x=0$ 必定是收敛点. 如果不止这一个收敛点,则其收敛域一定是一个区间,即有如下定理.

定理 1(阿贝尔(Abel)定理) **对于幂级数 $\sum\limits_{n=0}^{\infty}a_nx^n$,**

(1) **若该幂级数在点 $x_0(x_0\neq 0)$ 处收敛,则当 $|x|<|x_0|$ 时,幂级数 $\sum\limits_{n=0}^{\infty}a_nx^n$ 绝对收敛;**

(2) **若该幂级数在点 $x_0(x_0\neq 0)$ 处发散,则当 $|x|>|x_0|$ 时,幂级数 $\sum\limits_{n=0}^{\infty}a_nx^n$ 发散.**

证明从略.

定理 1 表明,对于幂级数 $\sum\limits_{n=0}^{\infty}a_nx^n$,如果它在点 $x=x_0(x_0\neq 0)$ 处收敛,则它在开区间 $(-|x_0|,|x_0|)$ 内的任意点处都收敛(并且绝对收敛);如果它在点 $x=x_0(x_0\neq 0)$ 处发散,则它在闭区间 $[-|x_0|,|x_0|]$ 的外部都发散,即在开区间 $(-\infty,-|x_0|)$ 和 $(|x_0|,+\infty)$ 上发散.

由以上定理得到下面的重要推论.

推论 1　如果幂级数 $\sum_{n=0}^{\infty} a_n x^n$ 不是仅在 $x=0$ 一点处收敛，也不是在数轴上任意一点 x 处都收敛，则必有一个确定的正数 R，使得

(1) 当 $|x|<R$ 时，幂级数 $\sum_{n=0}^{\infty} a_n x^n$ 绝对收敛；

(2) 当 $|x|>R$ 时，幂级数 $\sum_{n=0}^{\infty} a_n x^n$ 发散；

(3) 当 $x=R$ 与 $x=-R$ 时，幂级数 $\sum_{n=0}^{\infty} a_n x^n$ 可能收敛，也可能发散.

可以看出，$x=R$ 和 $x=-R$ 是幂级数 $\sum_{n=0}^{\infty} a_n x^n$ 收敛点和发散点的分界点，把正数 R 称为幂级数 $\sum_{n=0}^{\infty} a_n x^n$ 的**收敛半径**，开区间 $(-R,R)$ 称为**收敛区间**. 再由幂级数 $\sum_{n=0}^{\infty} a_n x^n$ 在 $x=\pm R$ 处的敛散性，可以得到幂级数 $\sum_{n=0}^{\infty} a_n x^n$ 的收敛域就是 $(-R,R)$，$[-R,R]$，$[-R,R)$，$(-R,R]$ 这四个区间之一.

注　推论 1 只给出在区间 $(-R,R)$ 内幂级数收敛，至于在 $x=\pm R$ 处，幂级数可能收敛，也可能发散，需要具体分析.

特别地，当幂级数仅在点 $x=0$ 处收敛时，规定它的收敛半径为 $R=0$，只有一个收敛点 $x=0$，没有收敛区间；当幂级数对于一切 x 都收敛时，规定它的收敛半径为 $R=+\infty$，收敛区间为 $(-\infty,+\infty)$.

收敛半径是幂级数的一个重要数字特征，应予以重视. 关于幂级数收敛半径的求法，有以下定理.

定理 2　**设幂级数 $\sum_{n=0}^{\infty} a_n x^n$ 的收敛半径为 R. 如果 $\lim_{n\to\infty}\left|\frac{a_{n+1}}{a_n}\right|=\rho$，则**

(1) **当 $0<\rho<+\infty$ 时，$R=\frac{1}{\rho}$；**

(2) **当 $\rho=0$ 时，$R=+\infty$；**

(3) **当 $\rho=+\infty$ 时，$R=0$.**

证明从略.

例 2　求幂级数 $\sum_{n=1}^{\infty} \frac{(-1)^{n-1}x^n}{n}$ 的收敛半径 R 及收敛域.

解　因为

$$\rho=\lim_{n\to\infty}\left|\frac{a_{n+1}}{a_n}\right|=\lim_{n\to\infty}\frac{\frac{1}{n+1}}{\frac{1}{n}}=1,$$

所以收敛半径 $R=\frac{1}{\rho}=1$.

下面判别 $x=\pm 1$ 时该幂级数的敛散性.

当 $x=-1$ 时,该幂级数成为 $\sum\limits_{n=1}^{\infty}\dfrac{(-1)^{2n-1}}{n}=-\sum\limits_{n=1}^{\infty}\dfrac{1}{n}$,它是发散的;当 $x=1$ 时,该幂级数成为交错级数 $\sum\limits_{n=1}^{\infty}\dfrac{(-1)^{n-1}}{n}$,由莱布尼茨定理可知它是收敛的.

因此,幂级数 $\sum\limits_{n=1}^{\infty}\dfrac{(-1)^{n-1}x^n}{n}$ 的收敛域为 $(-1,1]$.

例 3 求幂级数 $\sum\limits_{n=1}^{\infty}\dfrac{x^n}{n!}$ 的收敛半径 R 及收敛域.

解 因为

$$\rho=\lim_{n\to\infty}\left|\frac{a_{n+1}}{a_n}\right|=\lim_{n\to\infty}\frac{\dfrac{1}{(n+1)!}}{\dfrac{1}{n!}}=\lim_{n\to\infty}\frac{1}{n+1}=0,$$

所以收敛半径 $R=+\infty$,收敛域为 $(-\infty,+\infty)$.

例 4 求幂级数 $\sum\limits_{n=1}^{\infty}\dfrac{(x-1)^n}{2^n\cdot n}$ 的收敛域.

解 令 $t=x-1$,原幂级数成为 $\sum\limits_{n=1}^{\infty}\dfrac{t^n}{2^n\cdot n}$. 因为

$$\rho=\lim_{n\to\infty}\left|\frac{a_{n+1}}{a_n}\right|=\lim_{n\to\infty}\frac{\dfrac{1}{2^{n+1}\cdot(n+1)}}{\dfrac{1}{2^n\cdot n}}=\lim_{n\to\infty}\frac{n}{2n+2}=\frac{1}{2},$$

所以幂级数 $\sum\limits_{n=1}^{\infty}\dfrac{t^n}{2^n\cdot n}$ 的收敛半径 $R=\dfrac{1}{\rho}=2$.

当 $t=-2$ 时,幂级数 $\sum\limits_{n=1}^{\infty}\dfrac{t^n}{2^n\cdot n}$ 成为交错级数 $\sum\limits_{n=1}^{\infty}\dfrac{(-1)^n}{n}$,由莱布尼茨定理可知它是收敛的;当 $t=2$ 时,幂级数 $\sum\limits_{n=1}^{\infty}\dfrac{t^n}{2^n\cdot n}$ 成为调和级数 $\sum\limits_{n=1}^{\infty}\dfrac{1}{n}$,它是发散的.

因此,幂级数 $\sum\limits_{n=1}^{\infty}\dfrac{t^n}{2^n\cdot n}$ 的收敛域为 $[-2,2)$,即幂级数 $\sum\limits_{n=1}^{\infty}\dfrac{(x-1)^n}{2^n\cdot n}$ 的收敛半径 $R=2$,收敛域为 $[-1,3)$.

例 5 求幂级数 $\sum\limits_{n=1}^{\infty}\dfrac{x^{2n-1}}{2^n}$ 的收敛域.

解 由于该幂级数缺少偶数次幂,不能直接应用定理 2 求其收敛半径. 此时利用比值审敛法,有

$$\lim_{n\to\infty}\left|\frac{u_{n+1}(x)}{u_n(x)}\right|=\lim_{n\to\infty}\left|\frac{x^{2n+1}}{2^{n+1}}\cdot\frac{2^n}{x^{2n-1}}\right|=\frac{1}{2}|x|^2.$$

当 $\dfrac{1}{2}|x|^2<1$,即 $|x|<\sqrt{2}$ 时,幂级数收敛;当 $\dfrac{1}{2}|x|^2>1$,即 $|x|>\sqrt{2}$ 时,幂级数发散,

即原幂级数的收敛半径 $R=\sqrt{2}$.

当 $x=\sqrt{2}$ 时,原幂级数成为 $\sum\limits_{n=1}^{\infty}\frac{1}{\sqrt{2}}$,它是发散的;当 $x=-\sqrt{2}$ 时,原幂级数成为 $\sum\limits_{n=1}^{\infty}\frac{-1}{\sqrt{2}}$,它是发散.因此,幂级数 $\sum\limits_{n=1}^{\infty}\frac{x^{2n-1}}{2^n}$ 的收敛域为 $(-\sqrt{2},\sqrt{2})$.

注 直接法和间接法有以下区别:

(1) **直接法**.对于幂级数 $\sum\limits_{n=0}^{\infty}a_nx^n$,先直接求 $\lim\limits_{n\to\infty}\left|\frac{a_{n+1}}{a_n}\right|=\rho$,则收敛半径 $R=\frac{1}{\rho}$,再判断当 $x=\pm R$ 时相应的常数项级数是否收敛,从而确定收敛域.当 $R=0$ 时,幂级数只在点 $x=0$ 处收敛;当 $R=+\infty$ 时,收敛域为 $(-\infty,+\infty)$.

(2) **间接法**.如果所给幂级数不是标准形 $\sum\limits_{n=0}^{\infty}a_nx^n$ $\left(如 \sum\limits_{n=0}^{\infty}a_nx^{2n+1},\sum\limits_{n=0}^{\infty}a_nx^{2n},\sum\limits_{n=0}^{\infty}a_n(x-x_0)^n\right.$ 等$\Big)$,可以用比值审敛法,由 $\lim\limits_{n\to\infty}\frac{|u_{n+1}(x)|}{|u_n(x)|}=\rho(x)$,用 $\rho(x)<1$ 求出幂级数的收敛区间;也可以用变量代换转化为标准形,求出新幂级数的收敛区间后,回代求出原幂级数的收敛区间,最后讨论幂级数在端点处的敛散性,从而确定收敛域.

三、幂级数的运算性质

性质 1(代数运算性质) 设幂级数 $\sum\limits_{n=0}^{\infty}a_nx^n$ 与 $\sum\limits_{n=0}^{\infty}b_nx^n$ 的收敛半径分别为 R_1 和 R_2,和函数分别为 $s_1(x)$ 和 $s_2(x)$,$R=\min\{R_1,R_2\}$,则

(1) 幂级数 $\sum\limits_{n=0}^{\infty}a_nx^n\pm\sum\limits_{n=0}^{\infty}b_nx^n$ 在 $(-R,R)$ 内绝对收敛,且和函数 $s(x)=s_1(x)\pm s_2(x)$;

(2) 幂级数 $\sum\limits_{n=0}^{\infty}a_nx^n\cdot\sum\limits_{n=0}^{\infty}b_nx^n$ 在 $(-R,R)$ 内绝对收敛,且和函数 $s(x)=s_1(x)\cdot s_2(x)$.

例 6 求幂级数 $\sum\limits_{n=1}^{\infty}\left[\frac{(-1)^n}{n}+\frac{1}{4^n}\right]x^n$ 的收敛域.

解 易知幂级数 $\sum\limits_{n=1}^{\infty}\frac{(-1)^n}{n}x^n$ 的收敛域为 $(-1,1]$.

对于幂级数 $\sum\limits_{n=1}^{\infty}\frac{1}{4^n}x^n$,有

$$\rho=\lim_{n\to\infty}\left|\frac{a_{n+1}}{a_n}\right|=\lim_{n\to\infty}\left(\frac{1}{4^{n+1}}\cdot\frac{4^n}{1}\right)=\frac{1}{4},$$

所以收敛半径 $R=4$.易见当 $x=\pm4$ 时,该幂级数发散.因此,幂级数 $\sum\limits_{n=1}^{\infty}\frac{1}{4^n}x^n$ 的收敛域为 $(-4,4)$.

由幂级数的性质 1 知,所给幂级数的收敛域为 $(-1,1]$.

性质 2(分析运算性质) 如果幂级数 $\sum\limits_{n=0}^{\infty}a_nx^n$ 的收敛半径 $R>0$,则

(1) 幂级数的和函数 $s(x)$ 在 $(-R,R)$ 内连续;

(2) 幂级数的和函数 $s(x)$ 在 $(-R,R)$ 内可导,且有逐项求导公式

$$s'(x)=\left(\sum_{n=0}^{\infty}a_nx^n\right)'=\sum_{n=0}^{\infty}(a_nx^n)'=\sum_{n=1}^{\infty}na_nx^{n-1}\quad(|x|<R),$$

逐项求导后所得到的幂级数与原幂级数有相同的收敛半径;

(3) 幂级数的和函数 $s(x)$ 在 $(-R,R)$ 内可积,且有逐项积分公式

$$\int_0^x s(x)\mathrm{d}x=\int_0^x\left(\sum_{n=0}^{\infty}a_nx^n\right)\mathrm{d}x=\sum_{n=0}^{\infty}\int_0^x a_nx^n\mathrm{d}x=\sum_{n=0}^{\infty}\frac{a_n}{n+1}x^{n+1}\quad(|x|<R),$$

逐项积分后所得到的幂级数与原幂级数有相同的收敛半径.

从以上性质可见,幂级数在其收敛区间内与多项式一样可以相加、相减,可以逐项求导、逐项积分,这些性质在求幂级数的和函数时非常重要.

我们知道,等比级数的和函数为

$$\sum_{n=0}^{\infty}x^n=1+x+x^2+\cdots+x^n+\cdots=\frac{1}{1-x}\quad(-1<x<1).$$

这是一个重要的结果,在讨论许多幂级数的和函数问题时,可以利用幂级数的性质将其转化为等比级数的求和问题来解决.下面举例说明.

例 7 求幂级数 $\sum\limits_{n=1}^{\infty}(-1)^{n-1}\dfrac{x^n}{n}$ 的和函数.

解 由例 2 的结果知,该幂级数的收敛域为 $(-1,1]$. 设其和函数为 $s(x)$,即

$$s(x)=x-\frac{x^2}{2}+\frac{x^3}{3}-\frac{x^4}{4}+\cdots+(-1)^{n-1}\frac{x^n}{n}+\cdots.$$

显然 $s(0)=0$,且

$$s'(x)=1-x+x^2-\cdots+(-1)^{n-1}x^{n-1}+\cdots=\frac{1}{1+x}\quad(-1<x<1),$$

由积分公式 $\int_0^x s'(x)\mathrm{d}x=s(x)-s(0)$,得

$$s(x)=s(0)+\int_0^x s'(x)\mathrm{d}x=\int_0^x\frac{1}{1+x}\mathrm{d}x=\ln(1+x).$$

因幂级数 $\sum\limits_{n=1}^{\infty}(-1)^{n-1}\dfrac{x^n}{n}$ 当 $x=1$ 时收敛,故其和函数为

$$s(x)=\ln(1+x)\quad(-1<x\leqslant 1).$$

例 8 求幂级数 $\sum\limits_{n=1}^{\infty}nx^{n-1}$ 的和函数.

解 对于幂级数 $\sum\limits_{n=1}^{\infty}nx^{n-1}$,由于

$$\lim_{n\to\infty}\left|\frac{a_{n+1}}{a_n}\right|=\lim_{n\to\infty}\frac{n+1}{n}=1,$$

因此该幂级数的收敛半径 $R=1$. 又当 $x=\pm1$ 时,易知幂级数发散,所以该幂级数的收敛域为 $(-1,1)$.

设该幂级数的和函数为 $s(x)$，即 $s(x)=\sum\limits_{n=1}^{\infty}nx^{n-1}$. 对 $s(x)$ 从 0 到 x 逐项积分，得

$$\int_0^x s(x)\mathrm{d}x=x+x^2+x^3+\cdots+x^n+\cdots=\sum_{n=1}^{\infty}x^n=\frac{x}{1-x}\quad(-1<x<1).$$

再对上式两端求导数，得幂级数 $\sum\limits_{n=1}^{\infty}nx^{n-1}$ 的和函数为

$$s(x)=\frac{1}{(1-x)^2}\quad(-1<x<1).$$

小结

本节学习需注意以下几点：(1) 在求幂级数的收敛域时要分清幂级数的类型，再决定用直接法还是间接法，但不管用哪种方法，最后都要讨论幂级数在端点处的敛散性，从而确定收敛域；(2) 求幂级数和函数的一般方法：当幂级数的系数为 n 的有理分式时，先求导后积分，当幂级数的系数为 n 的有理整式时，先积分后求导. 另外，还需注意和函数的定义域就是幂级数的收敛域.

应用导学

幂级数是无穷级数的重要内容，它在进行数值近似计算、求定积分的近似值、解微分方程等方面都有着重要的应用.

习题 9－4

1. 求下列幂级数的收敛域：

(1) $\sum\limits_{n=1}^{\infty}\frac{(-1)^{n-1}x^n}{n\cdot 2^n}$；　　(2) $\sum\limits_{n=0}^{\infty}5^n x^{3n}$；

(3) $\sum\limits_{n=1}^{\infty}\frac{(x-5)^n}{\sqrt{n}}$；　　(4) $\sum\limits_{n=1}^{\infty}\frac{x^{2n}}{4^n(n+1)^2}$.

2. 求下列幂级数的和函数：

(1) $\sum\limits_{n=1}^{\infty}2nx^{2n-1}$；　　(2) $\sum\limits_{n=1}^{\infty}\frac{(-1)^{n-1}}{2n-1}x^{2n-1}$；

(3) $\sum\limits_{n=0}^{\infty}(n+1)^2x^n$.

第五节　函数的幂级数展开式

上一节讨论了幂级数的收敛域及如何在收敛域上求它的和函数问题，但是在许多应用中，我们经常遇到与之相反的问题：给定一个函数 $f(x)$，讨论它能否在某个区间上"表示成幂级数"，也就是能否找到这样一个幂级数，它在某个区间内收敛，且其和函数恰好就是给定的函数 $f(x)$. 如果能找到这样的幂级数，我们就说**函数 $f(x)$ 在该区间内能展开成幂级数**. 这就是本节研究的函数展开成幂级数问题，在此基础上还将讨论幂级数展开式的应用.

一、泰勒级数

1. 泰勒公式

在微分学的讨论中，我们曾指出：如果函数 $f(x)$ 在点 x_0 处可微，即有

$$\Delta y = f(x) - f(x_0) = f'(x_0)(x - x_0) + o(x - x_0),$$

则在点 x_0 附近有

$$f(x) \approx f(x_0) + f'(x_0)(x - x_0).$$

上式表明，当 x 接近点 x_0 时，$f(x)$ 可用 $(x - x_0)$ 的一次多项式

$$P(x) = f(x_0) + f'(x_0)(x - x_0)$$

近似表示. 这种近似表示具有形式简单、计算方便的优点，但也有精确度不高，不能估计误差大小的不足. 因此，当计算对精确度要求较高时，我们需要考虑用 $(x - x_0)$ 的 n 次多项式来近似表示函数 $f(x)$，并同时给出误差的估计公式.

设函数 $f(x)$ 在点 x_0 处有 n 阶导数，称

$$f(x) = f(x_0) + f'(x_0)(x - x_0) + \frac{f''(x_0)}{2!}(x - x_0)^2 + \cdots + \frac{f^{(n)}(x_0)}{n!}(x - x_0)^n + o[(x - x_0)^n]$$

为 $f(x)$ 在点 x_0 处**带有佩亚诺(Peano)型余项的 n 阶泰勒(Taylor)公式**. 当 $x_0 = 0$ 时，称

$$f(x) = f(0) + f'(0)x + \frac{f''(0)}{2!}x^2 + \cdots + \frac{f^{(n)}(0)}{n!}x^n + o(x^n)$$

为 $f(x)$ 的**带有佩亚诺型余项的麦克劳林(Maclaurin)公式**.

设函数 $f(x)$ 在点 x_0 的某个邻域内有 $n+1$ 阶导数，在该邻域内，称

$$f(x) = f(x_0) + f'(x_0)(x - x_0) + \frac{f''(x_0)}{2!}(x - x_0)^2 + \cdots + \frac{f^{(n)}(x_0)}{n!}(x - x_0)^n + \frac{f^{(n+1)}(\xi)}{(n+1)!}(x - x_0)^{n+1} \quad (\xi \text{ 介于 } x_0 \text{ 与 } x \text{ 之间})$$

为 $f(x)$ 在点 x_0 处**带有拉格朗日型余项的 n 阶泰勒公式**. 同样，当 $x_0 = 0$ 时，称

$$f(x) = f(0) + f'(0)x + \frac{f''(0)}{2!}x^2 + \cdots + \frac{f^{(n)}(0)}{n!}x^n + \frac{f^{(n+1)}(\xi)}{(n+1)!}x^{n+1} \quad (\xi \text{ 介于 } 0 \text{ 与 } x \text{ 之间})$$

为 $f(x)$ 的**带有拉格朗日型余项的麦克劳林公式**.

2. 泰勒级数

·定义 1 若函数 $f(x)$ 在点 x_0 的某个邻域内具有各阶导数，则在该邻域内，称幂级数

$$\sum_{n=0}^{\infty}\frac{f^{(n)}(x_0)}{n!}(x-x_0)^n=f(x_0)+f'(x_0)(x-x_0)+\frac{f''(x_0)}{2!}(x-x_0)^2+\cdots+\frac{f^{(n)}(x_0)}{n!}(x-x_0)^n+\cdots \tag{9-5-1}$$

为 $f(x)$ 在点 x_0 处的**泰勒级数**，$a_n=\dfrac{f^{(n)}(x_0)}{n!}$ 叫作**泰勒系数**.

·定义 2 当 $x_0=0$ 时，泰勒级数成为

$$\sum_{n=0}^{\infty}\frac{f^{(n)}(0)}{n!}x^n=f(0)+f'(0)x+\frac{f''(0)}{2!}x^2+\cdots+\frac{f^{(n)}(0)}{n!}x^n+\cdots, \tag{9-5-2}$$

称之为函数 $f(x)$ 的**麦克劳林级数**.

显然当 $x=x_0$ 时，函数 $f(x)$ 的泰勒级数收敛于 $f(x_0)$. 但除点 x_0 外，$f(x)$ 是否也收敛？若收敛，是否一定收敛于 $f(x)$？关于这些问题，有下述定理.

定理 1 **设函数 $f(x)$ 在点 x_0 的某个邻域内具有各阶导数，则 $f(x)$ 在该邻域内能展开成它在点 x_0 处的泰勒级数的充要条件是**

$$\lim_{n\to\infty}R_n(x)=0,\quad x\in U(x_0),$$

其中

$$R_n(x)=\frac{f^{(n+1)}(\xi)}{(n+1)!}(x-x_0)^{n+1}.$$

证明从略.

可以证明，无论用什么方法将函数 $f(x)$ 展开成 $(x-x_0)$ 的幂级数，一定有 $a_n=\dfrac{f^{(n)}(x_0)}{n!}$，这种展开式是唯一的.

二、将函数展开成幂级数

将一个给定的函数 $f(x)$ 展开成 x 的幂级数有直接展开法和间接展开法两种方法.

1. 直接展开法

利用定理 1 将函数 $f(x)$ 展开成幂级数的方法称为直接展开法，一般步骤如下：

(1) 求出函数 $f(x)$ 的各阶导数 $f'(x),f''(x),\cdots,f^{(n)}(x),\cdots$；

(2) 求出函数 $f(x)$ 及其各阶导数在点 $x=0$ 处的值 $f(0),f'(0),f''(0),\cdots,f^{(n)}(0),\cdots$；

(3) 写出函数 $f(x)$ 的麦克劳林级数

$$f(0)+f'(0)x+\frac{f''(0)}{2!}x^2+\cdots+\frac{f^{(n)}(0)}{n!}x^n+\cdots,$$

并求其收敛半径 R；

(4) 考察余项 $R_n(x)$ 的极限

$$\lim_{n\to\infty}\frac{f^{(n+1)}(\xi)}{(n+1)!}x^{n+1}\quad(\xi\text{介于 }0\text{ 与 }x\text{ 之间})$$

是否为零,如果为零,则函数 $f(x)$ 在区间 $(-R,R)$ 内的幂级数展开式为

$$f(x)=f(0)+f'(0)x+\frac{f''(0)}{2!}x^2+\cdots+\frac{f^{(n)}(0)}{n!}x^n+\cdots,\quad x\in(-R,R).$$

例 1 将函数 $f(x)=\mathrm{e}^x$ 展开成 x 的幂级数.

解 $f(x)=\mathrm{e}^x$ 的各阶导数为 $f^{(n)}(x)=\mathrm{e}^x(n=1,2,\cdots)$,则

$$f^{(n)}(0)=\mathrm{e}^0=1\quad(n=1,2,\cdots),$$

且 $f(0)=1$. 于是,得 $f(x)$ 的麦克劳林级数

$$1+x+\frac{x^2}{2!}+\cdots+\frac{x^n}{n!}+\cdots,$$

该幂级数的收敛半径 $R=+\infty$.

对于任何有限的数 x,ξ(ξ 介于 0 与 x 之间),有

$$|R_n(x)|=\left|\frac{\mathrm{e}^\xi}{(n+1)!}x^{n+1}\right|<\mathrm{e}^{|x|}\frac{|x|^{n+1}}{(n+1)!}.$$

因为 $\mathrm{e}^{|x|}$ 有限,而 $\frac{|x|^{n+1}}{(n+1)!}$ 是收敛级数 $\sum\limits_{n=0}^{\infty}\frac{|x|^{n+1}}{(n+1)!}$ 的一般项,所以

$$\mathrm{e}^{|x|}\frac{|x|^{n+1}}{(n+1)!}\to 0\quad(n\to\infty),$$

即有

$$\lim_{n\to\infty}R_n(x)=0.$$

因此,得展开式

$$\mathrm{e}^x=1+x+\frac{x^2}{2!}+\cdots+\frac{x^n}{n!}+\cdots,\quad x\in(-\infty,+\infty).\tag{9-5-3}$$

例 2 将函数 $f(x)=\sin x$ 展开成 x 的幂级数.

解 $f(x)=\sin x$ 的各阶导数为

$$f^{(n)}(x)=\sin\left(x+\frac{n\pi}{2}\right)\quad(n=1,2,\cdots).$$

$f^{(n)}(0)(n=0,1,2,\cdots)$ 顺序循环地取 $0,1,0,-1,\cdots$,于是得 $f(x)$ 的麦克劳林级数

$$x-\frac{x^3}{3!}+\frac{x^5}{5!}-\cdots+(-1)^n\frac{x^{2n+1}}{(2n+1)!}+\cdots,$$

该幂级数的收敛半径 $R=+\infty$.

对于任何有限的数 x,ξ(ξ 介于 0 与 x 之间),有

$$|R_n(x)|=\left|\frac{\sin\left[\xi+\frac{(n+1)\pi}{2}\right]}{(n+1)!}x^{n+1}\right|\leqslant\frac{|x|^{n+1}}{(n+1)!}\to 0\quad(n\to\infty).$$

因此,得展开式

$$\sin x=x-\frac{x^3}{3!}+\frac{x^5}{5!}-\cdots+(-1)^n\frac{x^{2n+1}}{(2n+1)!}+\cdots,\quad x\in(-\infty,+\infty).\tag{9-5-4}$$

例 3　将函数 $f(x)=(1+x)^m$ 展开成 x 的幂级数，其中 m 为任意常数.

解　$f(x)=(1+x)^m$ 的各阶导数为

$$f'(x)=m(1+x)^{m-1},$$
$$f''(x)=m(m-1)(1+x)^{m-2},$$
$$\cdots\cdots$$
$$f^{(n)}(x)=m(m-1)\cdots(m-n+1)(1+x)^{m-n},$$
$$\cdots\cdots$$

则

$$f(0)=1,$$
$$f'(0)=m,$$
$$f''(0)=m(m-1),$$
$$\cdots\cdots$$
$$f^{(n)}(0)=m(m-1)\cdots(m-n+1),$$
$$\cdots\cdots$$

于是，得 $f(x)$ 的麦克劳林级数

$$1+mx+\frac{m(m-1)}{2!}x^2+\cdots+\frac{m(m-1)\cdots(m-n+1)}{n!}x^n+\cdots.$$

该幂级数相邻两项系数之比的绝对值

$$\left|\frac{a_{n+1}}{a_n}\right|=\left|\frac{m-n}{n+1}\right|\to 1\quad(n\to\infty),$$

从而收敛半径 $R=1$，故对于任意常数 m，该幂级数在 $(-1,1)$ 内收敛.

为了避免直接讨论余项，设该幂级数在 $(-1,1)$ 内收敛于和函数 $s(x)$，即

$$s(x)=1+mx+\frac{m(m-1)}{2!}x^2+\cdots+\frac{m(m-1)\cdots(m-n+1)}{n!}x^n+\cdots,\quad x\in(-1,1).$$

下面证明 $s(x)=(1+x)^m(-1<x<1)$.

逐项求导，得

$$s'(x)=m\left[1+\frac{m-1}{1}x+\cdots+\frac{(m-1)\cdots(m-n+1)}{(n-1)!}x^{n-1}+\cdots\right],$$

又

$$xs'(x)=m\left[x+\frac{m-1}{1}x^2+\cdots+\frac{(m-1)\cdots(m-n+1)}{(n-1)!}x^n+\cdots\right],$$

从而

$$(1+x)s'(x)=m\left[1+mx+\frac{m(m-1)}{2!}x^2+\cdots+\frac{m(m-1)\cdots(m-n+1)}{n!}x^n+\cdots\right]$$
$$=ms(x).$$

令

$$\varphi(x)=\frac{s(x)}{(1+x)^m},$$

于是 $\varphi(0)=s(0)=1$，且

$$\begin{aligned}\varphi'(x) &= \frac{s'(x)(1+x)^m - m(1+x)^{m-1}s(x)}{(1+x)^{2m}} \\ &= \frac{(1+x)^{m-1}[(1+x)s'(x) - ms(x)]}{(1+x)^{2m}} = 0,\end{aligned}$$

所以 $\varphi(x) = C$(常数). 而 $\varphi(0) = 1$, 则 $\varphi(x) = 1$, 即

$$s(x) = (1+x)^m.$$

因此,在 $(-1,1)$ 内,有展开式

$$\begin{aligned}(1+x)^m &= 1 + mx + \frac{m(m-1)}{2!}x^2 + \cdots \\ &\quad + \frac{m(m-1)\cdots(m-n+1)}{n!}x^n + \cdots, \quad x \in (-1,1). \qquad (9-5-5)\end{aligned}$$

至于在区间的端点,展开式是否成立要看 m 的值而定.

(9-5-5) 式称为**二项展开式**. 特别地,当 m 是正整数时,幂级数为 x 的 m 次多项式,这就是代数学中的二项式定理.

以上例子都是用直接展开法求展开式的,计算量较大.

2. 间接展开法

利用已知的函数展开式,通过幂级数的代数运算法则、变量代换、恒等变形、逐项求导或逐项积分等方法间接地求得函数的幂级数展开式,这种方法我们称为间接展开法.

例 4 将函数 $f(x) = \cos x$ 展开成 x 的幂级数.

解 由 $\sin x$ 的展开式

$$\sin x = x - \frac{x^3}{3!} + \frac{x^5}{5!} - \cdots + (-1)^n \frac{x^{2n+1}}{(2n+1)!} + \cdots, \quad x \in (-\infty, +\infty),$$

上式两端逐项求导,得展开式

$$\cos x = 1 - \frac{x^2}{2!} + \frac{x^4}{4!} - \cdots + (-1)^n \frac{x^{2n}}{(2n)!} + \cdots, \quad x \in (-\infty, +\infty). \quad (9-5-6)$$

例 5 将函数 $f(x) = \ln(1+x)$ 展开成 x 的幂级数.

解 因为 $f'(x) = \dfrac{1}{1+x}$,而

$$\frac{1}{1+x} = 1 - x + x^2 - \cdots + (-1)^n x^n + \cdots, \quad x \in (-1,1),$$

上式两端从 0 到 x 逐项积分,得展开式

$$\ln(1+x) = x - \frac{x^2}{2} + \frac{x^3}{3} - \cdots + (-1)^n \frac{x^{n+1}}{n+1} + \cdots, \quad x \in (-1,1]. \quad (9-5-7)$$

上式对 $x=1$ 也成立,是因为上式右端的幂级数当 $x=1$ 时收敛,而上式左端的函数 $\ln(1+x)$ 在点 $x=1$ 处有定义且连续.

例 6 将下列函数展开成 x 的幂级数:

(1) $f(x) = \sqrt{1+x}$;　　(2) $f(x) = \dfrac{1}{\sqrt{1+x}}$.

解 利用公式(9-5-5).

(1) 取 $m = \dfrac{1}{2}$,得

$$\sqrt{1+x}=1+\frac{1}{2}x-\frac{1}{2\cdot 4}x^2+\frac{1\cdot 3}{2\cdot 4\cdot 6}x^3-\frac{1\cdot 3\cdot 5}{2\cdot 4\cdot 6\cdot 8}x^4+\cdots,\quad x\in[-1,1].$$

(2) 取 $m=-\frac{1}{2}$,得

$$\frac{1}{\sqrt{1+x}}=1-\frac{1}{2}x+\frac{1\cdot 3}{2\cdot 4}x^2-\frac{1\cdot 3\cdot 5}{2\cdot 4\cdot 6}x^3+\frac{1\cdot 3\cdot 5\cdot 7}{2\cdot 4\cdot 6\cdot 8}x^4-\cdots,\quad x\in(-1,1].$$

例 7　将函数 $f(x)=\arctan x$ 展开成 x 的幂级数.

解　由于

$$\frac{1}{1-x}=1+x+x^2+\cdots+x^{n-1}+\cdots,\quad x\in(-1,1),$$

将上式中的 x 换成 $-x^2$,得

$$\frac{1}{1+x^2}=1-x^2+x^4-\cdots+(-1)^{n-1}x^{2n-2}+\cdots,\quad x\in(-1,1).$$

对上式两端从 0 到 x 逐项积分,得

$$\arctan x=x-\frac{1}{3}x^3+\frac{1}{5}x^5-\cdots+(-1)^{n-1}\frac{1}{2n-1}x^{2n-1}+\cdots,\quad x\in[-1,1].\tag{9-5-8}$$

关于函数 $\frac{1}{1-x}$,e^x,$\sin x$,$\cos x$,$\ln(1+x)$,$\arctan x$,$(1+x)^m$ 的幂级数展开式以后经常用到,需记住.

例 8　将函数 $f(x)=\frac{1}{4}\ln\frac{1+x}{1-x}+\frac{1}{2}\arctan x-x$ 展开成 x 的幂级数.

解　由于

$$f'(x)=\frac{1}{4}\left(\frac{1}{1+x}+\frac{1}{1-x}\right)+\frac{1}{2}\cdot\frac{1}{1+x^2}-1=\frac{1}{1-x^4}-1,$$

而

$$\frac{1}{1-x^4}-1=\sum_{n=0}^{\infty}x^{4n}-1=\sum_{n=1}^{\infty}x^{4n},$$

且 $f(0)=0$,因此

$$f(x)=\int_0^x f'(x)\mathrm{d}x=\int_0^x\left(\sum_{n=1}^{\infty}x^{4n}\right)\mathrm{d}x=\sum_{n=1}^{\infty}\frac{x^{4n+1}}{4n+1},\quad x\in(-1,1).$$

例 9　将函数 $f(x)=\frac{1}{x^2+4x+3}$ 展开成$(x-1)$的幂级数.

解　因

$$f(x)=\frac{1}{x^2+4x+3}=\frac{1}{(x+1)(x+3)}=\frac{1}{2(1+x)}-\frac{1}{2(3+x)}$$
$$=\frac{1}{4\left(1+\frac{x-1}{2}\right)}-\frac{1}{8\left(1+\frac{x-1}{4}\right)},$$

而

$$\frac{1}{4\left(1+\frac{x-1}{2}\right)}=\frac{1}{4}\sum_{n=0}^{\infty}\frac{(-1)^n}{2^n}(x-1)^n,\quad x\in(-1,3),$$

$$\frac{1}{8\left(1+\frac{x-1}{4}\right)}=\frac{1}{8}\sum_{n=0}^{\infty}\frac{(-1)^n}{4^n}(x-1)^n,\quad x\in(-3,5),$$

故

$$f(x)=\sum_{n=0}^{\infty}(-1)^n\left(\frac{1}{2^{n+2}}-\frac{1}{2^{2n+3}}\right)(x-1)^n,\quad x\in(-1,3).$$

三、幂级数展开式的应用

1. 进行数值近似计算

在函数的幂级数展开式中，取前面有限项，就可得到函数的近似公式，这对于计算复杂函数的函数值是非常方便的，可以把函数近似表示为 x 的多项式，而多项式的计算只需用到四则运算，非常简便.

例 10 计算 e 的近似值.

解 e^x 的幂级数展开式为

$$e^x=1+x+\frac{x^2}{2!}+\cdots+\frac{x^n}{n!}+\cdots,\quad x\in(-\infty,+\infty).$$

令 $x=1$，得

$$e=1+1+\frac{1}{2!}+\frac{1}{3!}+\cdots+\frac{1}{n!}+\cdots.$$

取前 $n+1$ 项作为 e 的近似值，有

$$e\approx 1+1+\frac{1}{2!}+\frac{1}{3!}+\cdots+\frac{1}{n!}.$$

取 $n=7$，即取幂级数的前 $7+1=8$ 项做近似计算，则

$$e\approx 1+1+\frac{1}{2!}+\frac{1}{3!}+\frac{1}{4!}+\frac{1}{5!}+\frac{1}{6!}+\frac{1}{7!}\approx 2.718\ 25.$$

2. 计算定积分

许多函数，如 e^{-x^2}，$\frac{\sin x}{x}$，$\frac{1}{\ln x}$ 等，其原函数不能用初等函数表示，但若被积函数在积分区间上能展开成幂级数，则可通过幂级数展开式的逐项积分，用积分后的幂级数近似计算所给定积分.

例 11 计算定积分 $\int_0^1\frac{\sin x}{x}dx$ 的近似值，要求误差不超过 0.000 1.

解 因为 $\lim\limits_{x\to 0}\frac{\sin x}{x}=1$，所以如果定义被积函数在点 $x=0$ 处的值为 1，则它在积分区间 $[0,1]$ 上连续.

展开被积函数，有

$$\frac{\sin x}{x}=1-\frac{x^2}{3!}+\frac{x^4}{5!}-\frac{x^6}{7!}+\cdots,\quad x\in(-\infty,+\infty).$$

上式两端在区间 $[0,1]$ 上逐项积分，得

$$\int_0^1\frac{\sin x}{x}dx=1-\frac{1}{3\cdot 3!}+\frac{1}{5\cdot 5!}-\frac{1}{7\cdot 7!}+\cdots.$$

因为上式右端的第四项的绝对值

$$\frac{1}{7\cdot 7!}<\frac{1}{30\ 000},$$

所以取前 3 项的和作为定积分的近似值,即

$$\int_0^1 \frac{\sin x}{x}\mathrm{d}x \approx 1-\frac{1}{3\cdot 3!}+\frac{1}{5\cdot 5!}\approx 0.946\ 1.$$

3. 求常数项级数的和

例 12　求级数 $\sum\limits_{n=1}^{\infty}\frac{2n+1}{n!}$ 的和.

解　令 $s(x)=\sum\limits_{n=1}^{\infty}\frac{2n+1}{n!}x^{2n}(-\infty<x<+\infty)$,则

$$\int_0^x s(x)\mathrm{d}x=\sum_{n=1}^{\infty}\frac{1}{n!}\int_0^x(2n+1)x^{2n}\mathrm{d}x=\sum_{n=1}^{\infty}\frac{1}{n!}x^{2n+1}=x\mathrm{e}^{x^2}\quad\left(因为\ \mathrm{e}^x=\sum_{n=0}^{\infty}\frac{x^n}{n!}\right),$$

所以

$$s(x)=(x\mathrm{e}^{x^2})'=(1+2x^2)\mathrm{e}^{x^2},\quad x\in(-\infty,+\infty).$$

令 $x=1$,得

$$\sum_{n=1}^{\infty}\frac{2n+1}{n!}=3\mathrm{e}.$$

小结

将一个给定的函数 $f(x)$ 展开成 x 的幂级数有直接展开法和间接展开法两种方法. 用直接展开法求函数的幂级数展开式,计算量较大,一般不常用. 间接展开法是常用的方法,即利用一些已知的函数展开式$\left(如函数\frac{1}{1-x},\mathrm{e}^x,\sin x,(1+x)^m,\ln(1+x)\ 的幂级数展开式\right)$、幂级数的四则运算、变量代换、恒等变形、逐项求导或逐项积分等方法,将所给函数展开成幂级数,同时要给出收敛区间.

应用导学

利用幂级数不仅可近似计算一些函数值及常数项级数的和,而且还可计算一些定积分的近似值.

习题 9－5

1. 将下列函数展开成 x 的幂级数,并求展开式成立的区间:

(1) $f(x)=\mathrm{e}^{-x^2}$;　　(2) $f(x)=\cos^2 x$;

(3) $f(x)=\frac{1}{\sqrt{1-x^2}}$;　　(4) $f(x)=\arcsin x$.

2. 将函数 $f(x)=\frac{1}{x^2-3x+2}$ 展开成 x 的幂级数.

3. 将函数 $f(x)=\dfrac{1}{x^2+3x+2}$ 展开成 $(x+5)$ 的幂级数.

知识网络图

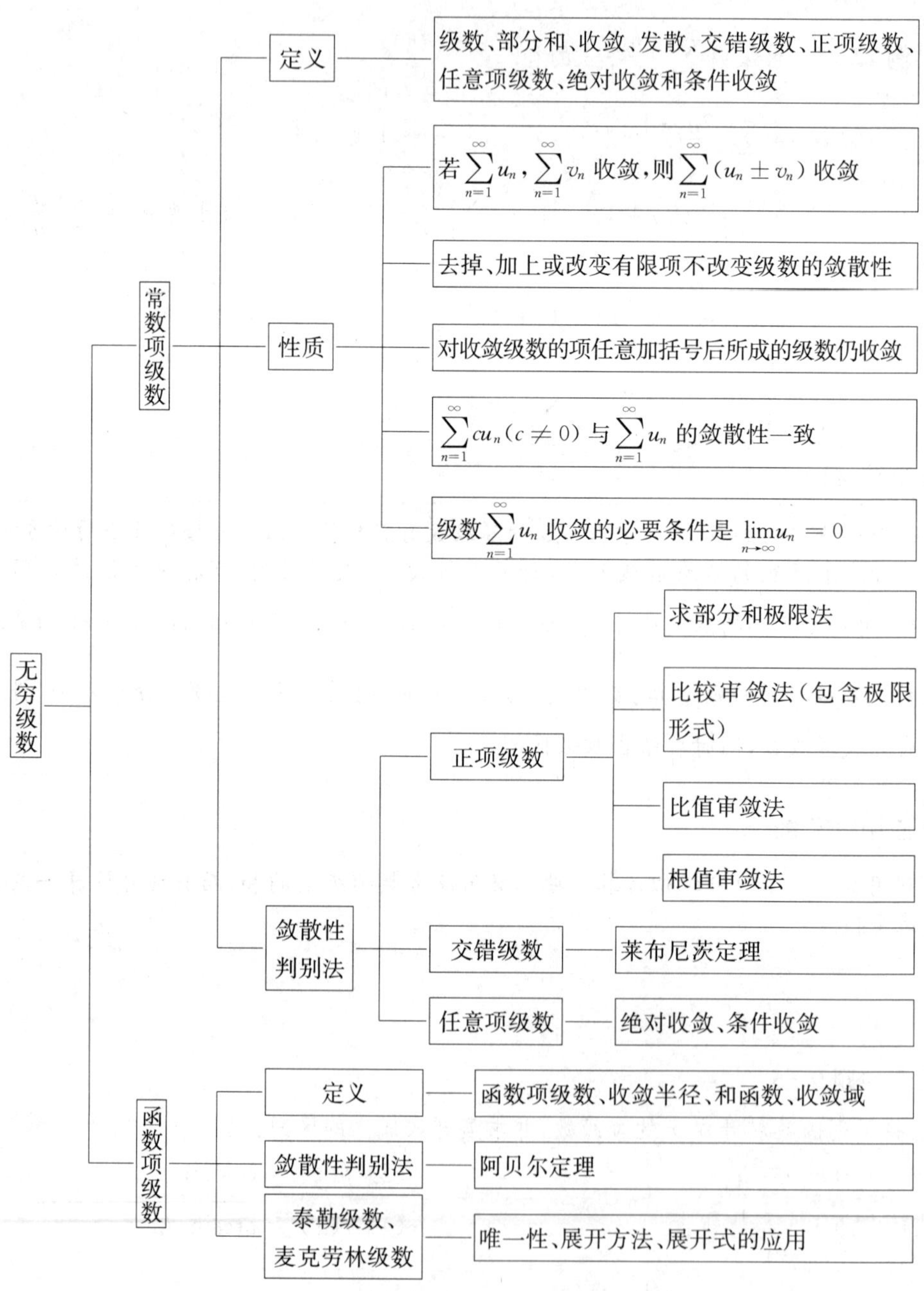

总习题九（A类）

1. 选择题：

(1) 若$\lim\limits_{n\to\infty} u_n=0$，则级数$\sum\limits_{n=1}^{\infty}u_n$(　　)；

A. 一定收敛　　B. 一定发散

C. 绝对收敛　　D. 可能收敛，也可能发散

(2) 级数$\sum\limits_{n=1}^{\infty}\frac{1}{(2n-1)(2n+1)}$的和是(　　)；

A. $\frac{1}{2}$　　B. 2　　C. 3　　D. $\frac{1}{3}$

(3) 若级数$\sum\limits_{n=1}^{\infty}\left(\frac{x}{a}\right)^n(x,a>0)$收敛，则(　　)；

A. $x>a$　　B. $x\neq a$　　C. $x<a$　　D. $x=a$

(4) 若级数$\sum\limits_{n=1}^{\infty}u_n$收敛，则(　　)；

A. $\sum\limits_{n=1}^{\infty}(u_n+u_{n+1})$收敛　　B. $\sum\limits_{n=1}^{\infty}u_{2n}$收敛

C. $\sum\limits_{n=1}^{\infty}u_nu_{n+1}$收敛　　D. $\sum\limits_{n=1}^{\infty}(-1)^nu_n$收敛

(5) 下列级数中，发散的是(　　)；

A. $\sum\limits_{n=1}^{\infty}\frac{1}{2^n}$　　B. $\sum\limits_{n=1}^{\infty}\sqrt[n]{0.002}$　　C. $\sum\limits_{n=1}^{\infty}\frac{1}{\sqrt{n^5}}$　　D. $\sum\limits_{n=1}^{\infty}\frac{(-1)^n}{n}$

(6) 下列级数中，绝对收敛的是(　　).

A. $\sum\limits_{n=1}^{\infty}(-1)^{n+1}\frac{1}{\sqrt{n}}$　　B. $\sum\limits_{n=1}^{\infty}\frac{(-1)^n}{n+a}\ (a>0)$

C. $\sum\limits_{n=1}^{\infty}\frac{(-1)^{n-1}}{(2n-1)^2}$　　D. $\sum\limits_{n=1}^{\infty}(-1)^n\cdot\frac{1}{\sqrt{n}}\cdot\frac{n-1}{n+1}$

2. 填空题：

(1) 当________时级数$\sum\limits_{n=1}^{\infty}aq^{n-1}$收敛，其和$s=$________，当________时级数$\sum\limits_{n=1}^{\infty}aq^{n-1}$发散；

(2) 若级数$\sum\limits_{n=1}^{\infty}\frac{(-1)^n+a}{n}$收敛，则$a$的取值范围是________；

(3) 幂级数$\sum\limits_{n=1}^{\infty}\frac{x^n}{\sqrt{n+1}}$的收敛域是________；

(4) 幂级数$\sum\limits_{n=1}^{\infty}\frac{(x-1)^n}{n^2}$的收敛域是________；

(5) 设幂级数$\sum\limits_{n=1}^{\infty}a_nx^n$在点$x=2$处收敛,则当$|x|<2$时该幂级数的敛散性为________;

(6) 级数$\sum\limits_{n=1}^{\infty}(\sqrt{n+2}-2\sqrt{n+1}+\sqrt{n})$的和是________.

3. 判别下列级数的敛散性:

(1) $\sum\limits_{n=1}^{\infty}\left(1+\dfrac{1}{2n}\right)^n$;

(2) $\sum\limits_{n=1}^{\infty}\left(\dfrac{1}{3^n}+\dfrac{1}{5^n}\right)$;

(3) $\sum\limits_{n=1}^{\infty}\dfrac{n^5}{2^n}$;

(4) $\sum\limits_{n=1}^{\infty}\dfrac{1}{\sqrt{n(n+3)}}$.

4. 判别下列级数是条件收敛还是绝对收敛:

(1) $\sum\limits_{n=1}^{\infty}(-1)^{n-1}\dfrac{1}{n^{\frac{2}{3}}}$;

(2) $\sum\limits_{n=1}^{\infty}\dfrac{\sin na}{(n+1)^2}\ (a\neq 0)$.

5. 求下列幂级数的收敛半径与收敛域:

(1) $\sum\limits_{n=1}^{\infty}(-1)^n\dfrac{x^n}{2^n(n+1)}$;

(2) $\sum\limits_{n=1}^{\infty}\dfrac{(2x+1)^n}{n}$.

6. 求下列级数的和:

(1) $\sum\limits_{n=1}^{\infty}(-1)^n\left(\dfrac{3}{4}\right)^n$;

(2) $\sum\limits_{n=1}^{\infty}nx^{n-1},x\in(-1,1)$,并求$\sum\limits_{n=1}^{\infty}\dfrac{n}{2^n}$的值;

(3) $\sum\limits_{n=0}^{\infty}(n+1)^2x^n$.

7. 将函数$f(x)=\cos 2x$展开成x的幂级数.

8. 将函数$f(x)=\dfrac{1}{x^2}$展开成$(x-2)$的幂级数.

总习题九(B类)

1. 选择题:

(1) 设$p_n=\dfrac{a_n+|a_n|}{2},q_n=\dfrac{a_n-|a_n|}{2},n=1,2,\cdots$,则下列命题正确的是( );

A. 若级数$\sum\limits_{n=1}^{\infty}a_n$条件收敛,则级数$\sum\limits_{n=1}^{\infty}p_n$与$\sum\limits_{n=1}^{\infty}q_n$都收敛

B. 若级数$\sum\limits_{n=1}^{\infty}a_n$绝对收敛,则级数$\sum\limits_{n=1}^{\infty}p_n$与$\sum\limits_{n=1}^{\infty}q_n$都收敛

C. 若级数$\sum\limits_{n=1}^{\infty}a_n$条件收敛,则级数$\sum\limits_{n=1}^{\infty}p_n$与$\sum\limits_{n=1}^{\infty}q_n$的敛散性不确定

D. 若级数$\sum\limits_{n=1}^{\infty}a_n$绝对收敛,则级数$\sum\limits_{n=1}^{\infty}p_n$与$\sum\limits_{n=1}^{\infty}q_n$的敛散性不确定

(2) 设有下列命题:

① 若级数$\sum\limits_{n=1}^{\infty}(u_{2n-1}+u_{2n})$收敛,则级数$\sum\limits_{n=1}^{\infty}u_n$收敛;

② 若级数$\sum\limits_{n=1}^{\infty}u_n$收敛,则级数$\sum\limits_{n=1}^{\infty}u_{n+1000}$收敛;

③ 若$\lim\limits_{n\to\infty}\dfrac{u_{n+1}}{u_n}>1$,则级数$\sum\limits_{n=1}^{\infty}u_n$发散;

④ 若级数$\sum\limits_{n=1}^{\infty}(u_n+v_n)$收敛,则级数$\sum\limits_{n=1}^{\infty}u_n$,$\sum\limits_{n=1}^{\infty}v_n$都收敛,

则以上命题正确的是(　　);

A. ① ②　　B. ② ③　　C. ③ ④　　D. ① ④

(3) 设$a_n>0$, $n=1,2,\cdots$. 若级数$\sum\limits_{n=1}^{\infty}a_n$发散,级数$\sum\limits_{n=1}^{\infty}(-1)^{n-1}a_n$收敛, 则下列结论正确的是(　　);

A. 级数$\sum\limits_{n=1}^{\infty}a_{2n-1}$收敛,级数$\sum\limits_{n=1}^{\infty}a_{2n}$发散

B. 级数$\sum\limits_{n=1}^{\infty}a_{2n}$收敛,级数$\sum\limits_{n=1}^{\infty}a_{2n-1}$发散

C. 级数$\sum\limits_{n=1}^{\infty}(a_{2n-1}+a_{2n})$收敛

D. 级数$\sum\limits_{n=1}^{\infty}(a_{2n-1}-a_{2n})$收敛

(4) 若级数$\sum\limits_{n=1}^{\infty}a_n$收敛,则级数(　　);

A. $\sum\limits_{n=1}^{\infty}|a_n|$收敛

B. $\sum\limits_{n=1}^{\infty}(-1)^n a_n$收敛

C. $\sum\limits_{n=1}^{\infty}a_n a_{n+1}$收敛

D. $\sum\limits_{n=1}^{\infty}\dfrac{a_n+a_{n+1}}{2}$收敛

(5) 设$\{u_n\}$是数列,则下列命题正确的是(　　);

A. 若级数$\sum\limits_{n=1}^{\infty}u_n$收敛,则级数$\sum\limits_{n=1}^{\infty}(u_{2n-1}+u_{2n})$收敛

B. 若级数$\sum\limits_{n=1}^{\infty}(u_{2n-1}+u_{2n})$收敛,则级数$\sum\limits_{n=1}^{\infty}u_n$收敛

C. 若级数$\sum\limits_{n=1}^{\infty}u_n$收敛,则级数$\sum\limits_{n=1}^{\infty}(u_{2n-1}-u_{2n})$收敛

D. 若级数$\sum\limits_{n=1}^{\infty}(u_{2n-1}-u_{2n})$收敛,则级数$\sum\limits_{n=1}^{\infty}u_n$收敛

(6) 已知级数$\sum\limits_{n=1}^{\infty}(-1)^n\sqrt{n}\sin\dfrac{1}{n^{\alpha}}$绝对收敛,级数$\sum\limits_{n=1}^{\infty}\dfrac{(-1)^n}{n^{2-\alpha}}$条件收敛,则$\alpha$的取值范围为(　　);

A. $0<\alpha\leqslant\dfrac{1}{2}$　　B. $\dfrac{1}{2}<\alpha\leqslant 1$　　C. $1<\alpha\leqslant\dfrac{3}{2}$　　D. $\dfrac{3}{2}<\alpha\leqslant 2$

(7) 设$\{a_n\}$为正项数列,则下列命题正确的是(　　);

A. 若$a_n>a_{n+1}$,则级数$\sum\limits_{n=1}^{\infty}(-1)^{n-1}a_n$收敛

B. 若级数$\sum_{n=1}^{\infty}(-1)^{n-1}a_n$收敛,则$a_n > a_{n+1}$

C. 若级数$\sum_{n=1}^{\infty}a_n$收敛,则存在常数$p>1$,使得$\lim_{n\to\infty}n^p a_n$存在

D. 若存在常数$p>1$,使得$\lim_{n\to\infty}n^p a_n$存在,则级数$\sum_{n=1}^{\infty}a_n$收敛

(8) 下列级数中发散的是(　　);

A. $\sum_{n=1}^{\infty}\frac{n}{3^n}$　　B. $\sum_{n=1}^{\infty}\frac{1}{\sqrt{n}}\ln\left(1+\frac{1}{n}\right)$

C. $\sum_{n=2}^{\infty}\frac{(-1)^n+1}{\ln n}$　　D. $\sum_{n=1}^{\infty}\frac{n!}{n^n}$

(9) 级数$\sum_{n=1}^{\infty}\left(\frac{1}{\sqrt{n}}-\frac{1}{\sqrt{n+1}}\right)\sin(n+k)$($k$为常数)(　　);

A. 绝对收敛　　B. 条件收敛

C. 发散　　D. 敛散性与k有关

(10) 若级数$\sum_{n=2}^{\infty}\left[\sin\frac{1}{n}-k\ln\left(1-\frac{1}{n}\right)\right]$收敛,则$k$等于(　　);

A. 1　　B. 2　　C. -1　　D. -2

(11) 若级数$\sum_{n=1}^{\infty}nu_n$绝对收敛,级数$\sum_{n=1}^{\infty}\frac{v_n}{n}$条件收敛,则(　　).

A. $\sum_{n=1}^{\infty}u_n v_n$条件收敛　　B. $\sum_{n=1}^{\infty}u_n v_n$绝对收敛

C. $\sum_{n=1}^{\infty}(u_n+v_n)$收敛　　D. $\sum_{n=1}^{\infty}(u_n+v_n)$发散

2. 求幂级数$\sum_{n=1}^{\infty}\frac{e^n-(-1)^n}{n^2}x^n$的收敛半径.

3. 求幂级数$1+\sum_{n=1}^{\infty}(-1)^n\frac{x^{2n}}{2n}(|x|<1)$的和函数$f(x)$及其极值.

4. 求幂级数$\sum_{n=1}^{\infty}\left(\frac{1}{2n+1}-1\right)x^{2n}$在区间$(-1,1)$内的和函数$s(x)$.

5. 求幂级数$\sum_{n=1}^{\infty}\frac{(-1)^{n-1}x^{2n+1}}{n(2n-1)}$的收敛域及和函数$s(x)$.

6. 将函数$f(x)=\frac{1}{x^2-3x-4}$展开成$(x-1)$的幂级数,并指出其收敛区间.

7. 设某银行存款的年利率为$r=0.05$,并依年复利计算,某基金会希望通过存款A万元,实现第一年提取19万元,第二年提取28万元……第n年提取$10+9n$万元,并能按此规律一直提取下去.问:该基金会至少存款多少万元?

8. 求幂级数$\sum_{n=0}^{\infty}(n+1)(n+3)x^n$的收敛域及和函数.

9. 求幂级数$\sum_{n=0}^{\infty}\frac{x^{2n+2}}{(n+1)(2n+1)}$的收敛域及和函数.

10. 求$\lim\limits_{n\to\infty}\sum\limits_{k=1}^{n}\frac{k}{n^2}\ln\left(1+\frac{k}{n}\right)$.

11. 设$a_0=1,a_1=0,a_{n+1}=\frac{1}{n+1}(na_n+a_{n-1})(n=1,2,\cdots)$，$s(x)$为幂级数$\sum\limits_{n=0}^{\infty}a_nx^n$的和函数.

(1) 证明：$\sum\limits_{n=0}^{\infty}a_nx^n$的收敛半径不小于1；

(2) 证明：$(1-x)s'(x)-xs(x)=0,x\in(-1,1)$，并求$s(x)$的表达式.

12. 已知$\cos 2x-\frac{1}{(1+x)^2}=\sum\limits_{n=0}^{\infty}a_nx^n(-1<x<1)$，求$a_n$的表达式.

第十章

常微分方程

本章导学

本章介绍了微分方程的一些基本概念及几类常微分方程的解法,包括可分离变量的微分方程、齐次微分方程、一阶线性微分方程以及高阶微分方程(主要考虑可降阶的微分方程).这些微分方程是最基础的微分方程,许多复杂的微分方程可转化为这些微分方程来研究.本章的最后还将介绍微分方程的简单应用.

问题背景

在解决自然科学和经济科学问题的过程中,很多时候不知道两个变量的具体函数关系,但却知道未知函数及其导数或微分与自变量之间的关系.要研究函数关系的具体表达式,就需要新的数学工具,也就是微分方程.

第一节　微分方程的基本概念

微分方程在自然科学领域有着广泛的应用,它是由实际问题转化得到的关于未知函数导数的数学等式.

例 1　已知一条曲线过点(1,2),且在该直线上任意点 $P(x,y)$ 处的切线斜率为 $2x$,求这条曲线的方程.

解　设所求曲线的方程为 $y=y(x)$,则根据题意有

$$\frac{\mathrm{d}y}{\mathrm{d}x}=2x, \tag{10-1-1}$$

且满足条件

$$y(1)=2.$$

对(10-1-1)式两端积分

$$y=\int 2x\mathrm{d}x,$$

得

$$y = x^2 + C \quad (C\text{为任意常数}). \tag{10-1-2}$$

将 $x = 1, y = 2$ 代入(10-1-2)式，求出 $C = 1$. 因此，所求曲线的方程为

$$y = x^2 + 1.$$

例 2　列车在平直的线路上以 10 m/s 的速度行驶，当制动时列车获得加速度 $-0.4\ \mathrm{m/s^2}$. 问：开始制动后多长时间列车才能停止？列车在这段时间内行驶了多少路程？

解　设列车制动后 t s 内行驶了 $s(t)$ m，因此有

$$\frac{\mathrm{d}^2 s}{\mathrm{d}t^2} = -0.4. \tag{10-1-3}$$

而列车的运动速度 $v = \frac{\mathrm{d}s}{\mathrm{d}t}$，对(10-1-3)式两端积分，得

$$v = \frac{\mathrm{d}s}{\mathrm{d}t} = -0.4t + C_1. \tag{10-1-4}$$

对(10-1-4)式两端积分，得

$$s = -0.2t^2 + C_1 t + C_2 \quad (C_1, C_2\text{为任意常数}). \tag{10-1-5}$$

当 $t = 0$ 时，$v = \frac{\mathrm{d}s}{\mathrm{d}t} = 10, s = 0$，代入(10-1-4)式和(10-1-5)式，得 $C_1 = 10, C_2 = 0$. 于是

$$v = \frac{\mathrm{d}s}{\mathrm{d}t} = -0.4t + 10, \tag{10-1-6}$$

$$s = -0.2t^2 + 10t. \tag{10-1-7}$$

由于列车完全停止时速度 $v = -0.4t + 10 = 0$，因此列车从开始制动到完全停止共需时间

$$t = \frac{10}{0.4} = 25\ (\mathrm{s}).$$

再把 $t = 25$ 代入(10-1-7)式，得列车在制动阶段行驶的路程为

$$s = -0.2 \times 25^2 + 10 \times 25 = 125\ (\mathrm{m}).$$

上面两个例子中，方程(10-1-1)和方程(10-1-3)中都含有未知函数的导数(或微分)，它们都是微分方程.

定义 1　含有未知函数的导数(或微分)的方程称为**微分方程**.

未知函数为一元函数的微分方程，称为**常微分方程**；未知函数为多元函数，并含有多元函数偏导数的微分方程，称为**偏微分方程**.

例如，$y' + 2y = 0, (x^2 + y^2)\mathrm{d}x = xy\mathrm{d}y$ 都是常微分方程，$z''_{xx} + z'_x = 0$ 是偏微分方程.

定义 2　在一个微分方程中所出现的导数的最高阶数称为微分方程的**阶**.

例如，$y'' - 2y' + y = 4$ 是二阶微分方程，$y' + 2y = 0$ 是一阶微分方程.

定义 3　如果将一个函数代入某个微分方程后，方程两端恒等，则称此函数为该微分方程的**解**.

例如，$y = x^2 + C, y = x^2 + 1$ 都是微分方程 $y' = 2x$ 的解；$s = -0.2t^2 + C_1 t + C_2, s = -0.2t^2 + 10t$ 都是微分方程 $s'' = -0.4$ 的解.

定义 4　如果微分方程的解中所含任意常数的个数等于微分方程的阶数，则称此解为微分方程的**通解**.

例如,$y=x^2+C$ 是微分方程 $y'=2x$ 的通解,$s=-0.2t^2+C_1t+C_2$ 是微分方程 $s''=-0.4$ 的通解.

·定义 5 在微分方程的通解中给任意常数以确定的值使其满足特殊的具体条件而得到的解,称为微分方程的**特解**.

例如,$y=x^2+1$ 是微分方程 $y'=2x$ 的特解,$s=-0.2t^2+10t$ 是微分方程 $s''=-0.4$ 的特解.

为了得到微分方程的特解,必须根据要求对微分方程附加一定的条件.如果这种附加条件是由系统的某一瞬间或时刻所处的状态给出的,则称这种条件为初始条件.

·定义 6 确定通解中任意常数的条件,称为**初始条件**.

一般地,一阶微分方程的初始条件是

$$y\Big|_{x=x_0}=y_0,$$

或写成

$$y(x_0)=y_0;$$

二阶微分方程的初始条件是

$$y\Big|_{x=x_0}=y_0,\quad y'\Big|_{x=x_0}=y_0',$$

或写成

$$y(x_0)=y_0,\quad y'(x_0)=y_0'.$$

小结

本节主要介绍了微分方程的基本概念,要注意区别微分方程的阶和微分方程某个导数的次数.常微分方程的特解的图形往往是一条曲线,称为积分曲线,通解的图形是一族积分曲线.通解中"任意常数"的产生是因为每积分一次都会产生一个积分常数.

应用导学

对于初学者,弄清微分方程的基本概念是十分必要的,后面将讨论如何求各种微分方程的通解和特解.

习题 10-1

1. 下列方程是否是微分方程?若是,指出它们的阶:

(1) $y''+(y')^3+y=0$;　　(2) $\mathrm{d}y+(2x-x^4y)\mathrm{d}x=0$;

(3) $4y''-2y(y')^5-2y'-xy=0$;　　(4) $y^2=6x+6$.

2. 验证下列函数是否是相应微分方程的解,并指出它们是通解还是特解(其中 C,C_1,C_2 是任意常数):

(1) $2xy'=4y,y=2x^2$;

(2) $y''-2y'+y=0, y=C_1\mathrm{e}^x+C_2x\mathrm{e}^x$；

(3) $x\mathrm{d}y+y\mathrm{d}x=0, xy=C$.

3. 验证 $y=C\cos x$ 是微分方程 $y'+y\tan x=0$ 的通解，并求满足初始条件 $y(\pi)=4$ 的特解.

第二节　可分离变量的微分方程与齐次微分方程

当一个实际问题转化为一个微分方程问题后，如何得到未知函数的表达式，是解决实际问题的关键. 本节将介绍两类特殊微分方程的解法.

一阶微分方程的一般形式是

$$F(x,y,y')=0,$$

而这类微分方程又有更为特殊的形式.

一、可分离变量的微分方程

形如

$$\frac{\mathrm{d}y}{\mathrm{d}x}=f(x)g(y) \tag{10-2-1}$$

或

$$M_1(x)M_2(y)\mathrm{d}x=N_1(x)N_2(y)\mathrm{d}y \tag{10-2-2}$$

的一阶微分方程，称为**可分离变量的微分方程**，其中 $f(x),g(y),M_1(x),M_2(y),N_1(x),N_2(y)$ 为已知连续函数. 经过简单的代数运算后，上面两式可化为如下的形式：

$$\frac{\mathrm{d}y}{g(y)}=f(x)\mathrm{d}x$$

或

$$\frac{M_1(x)}{N_1(x)}\mathrm{d}x=\frac{N_2(y)}{M_2(y)}\mathrm{d}y.$$

也就是说，可以写成形如

$$\psi(x)\mathrm{d}x=\varphi(y)\mathrm{d}y \tag{10-2-3}$$

的一阶微分方程就是可分离变量的微分方程，将(10-2-3)式两端积分，得

$$\int\psi(x)\mathrm{d}x=\int\varphi(y)\mathrm{d}y+C \quad (C\text{ 为任意常数}).$$

这就是微分方程(10-2-3)的通解表达式.

例 1　求微分方程 $y'=2xy$ 的通解.

解　分离变量，得

$$\frac{\mathrm{d}y}{y}=2x\mathrm{d}x,$$

两端积分，得

$$\ln|y|=x^2+C_1,$$

即

$$y=\pm e^{C_1}e^{x^2}.$$

令 $C=\pm e^{C_1}$ 为非零常数,又 $y=0$ 也是微分方程的解,得微分方程的通解为

$$y=Ce^{x^2}\quad(C\text{ 为任意常数}).$$

例 2 求微分方程 $\dfrac{dy}{dx}=\dfrac{1+y^2}{1+x^2}$ 的通解.

解 分离变量,得

$$\frac{dy}{1+y^2}=\frac{dx}{1+x^2},$$

两端积分,得微分方程的通解为

$$\arctan y=\arctan x+C\quad(C\text{ 为任意常数}).$$

例 2 中的通解也叫作微分方程的隐式通解.

二、齐次微分方程

形如

$$\frac{dy}{dx}=f\left(\frac{y}{x}\right)\tag{10-2-4}$$

的一阶微分方程,称为**齐次微分方程**(可理解为 x 与 y"整齐地"比式出现,或者和式出现).

例如,$(xy-y^2)dx=(x^2-2xy)dy$ 可化为齐次微分方程,因为

$$\frac{dy}{dx}=\frac{xy-y^2}{x^2-2xy}=\frac{\dfrac{y}{x}-\left(\dfrac{y}{x}\right)^2}{1-2\left(\dfrac{y}{x}\right)}.$$

对微分方程(10-2-4)做变量代换

$$u=\frac{y}{x},\tag{10-2-5}$$

由(10-2-5)式有

$$y=ux,\quad \frac{dy}{dx}=x\frac{du}{dx}+u,$$

代入微分方程(10-2-4)得

$$x\frac{du}{dx}=f(u)-u,$$

分离变量,得

$$\frac{du}{f(u)-u}=\frac{dx}{x},$$

两端积分,得

$$\int\frac{du}{f(u)-u}=\ln|x|+C.$$

求出积分 $\displaystyle\int\frac{du}{f(u)-u}$ 后,将 u 回代为 $\dfrac{y}{x}$ 就得到微分方程(10-2-4)的通解.

例 3 求微分方程 $(x+y)\dfrac{dy}{dx}+(x-y)=0$ 的通解.

解 原微分方程可写为

$$\frac{dy}{dx}=\frac{y-x}{x+y}=\frac{\frac{y}{x}-1}{1+\frac{y}{x}}.$$

令 $u=\frac{y}{x}$，即 $y=ux$，$\frac{dy}{dx}=x\frac{du}{dx}+u$，代入上式，得

$$x\frac{du}{dx}+u=\frac{u-1}{1+u}.$$

分离变量，得

$$\frac{1+u}{1+u^2}du=-\frac{dx}{x},$$

两端积分，得

$$\arctan u+\frac{1}{2}\ln(1+u^2)=-\ln|x|+C_1,$$

即

$$|x|\sqrt{1+u^2}=Ce^{-\arctan u},$$

其中 $C=e^{C_1}$. 将 $u=\frac{y}{x}$ 代入上式，得原微分方程的通解为

$$\sqrt{x^2+y^2}=Ce^{-\arctan\frac{y}{x}}\quad (C\text{ 为任意正常数}).$$

例 4 求微分方程 $(x^2+y^2)dx=xydy$ 的通解.

解 将原微分方程变形为

$$\frac{dy}{dx}=\frac{x^2+y^2}{xy}=\frac{1+\left(\frac{y}{x}\right)^2}{\frac{y}{x}}.$$

令 $u=\frac{y}{x}$，即 $y=ux$，$\frac{dy}{dx}=x\frac{du}{dx}+u$，代入上式，得

$$x\frac{du}{dx}+u=\frac{1+u^2}{u}.$$

分离变量，得

$$udu=\frac{dx}{x},$$

两端积分，得

$$\frac{1}{2}u^2=\ln|x|+C_1,$$

即

$$|x|=Ce^{\frac{1}{2}u^2},$$

其中 $C=e^{-C_1}$. 将 $u=\frac{y}{x}$ 代入上式，得原微分方程的通解为

$$x=Ce^{\frac{y^2}{2x^2}}\quad (C\text{ 为任意正常数}).$$

小结

可分离变量的微分方程是一类简单的微分方程,因为它可以把两个变量分开,然后利用直接积分的方法来求出通解. 齐次微分方程可通过变量代换把原微分方程化简,然后可用分离变量或其他方法求出通解.

应用导学

解可分离变量的微分方程,当分离变量后,直接积分即可,这时积分常数只需在一边保留即可. 齐次微分方程是变量"整齐地出现"或"整体出现"的形式. 这两类微分方程在基本的金融数学模型中用得比较多.

习题 10-2

1. 求下列微分方程的通解:

(1) $\sec^2 x\tan y\mathrm{d}x+\sec^2 y\tan x\mathrm{d}y=0$;

(2) $(\mathrm{e}^{x+y}-\mathrm{e}^x)\mathrm{d}x+(\mathrm{e}^{x+y}+\mathrm{e}^y)\mathrm{d}y=0$;

(3) $(y+1)^2\dfrac{\mathrm{d}y}{\mathrm{d}x}+x^3=0$.

2. 求下列微分方程满足所给初始条件的特解:

(1) $\cos x\sin y\mathrm{d}y=\cos y\sin x\mathrm{d}x, y\Big|_{x=0}=\dfrac{\pi}{4}$;

(2) $\cos y\mathrm{d}x+(1+\mathrm{e}^{-x})\sin y\mathrm{d}y=0, y\Big|_{x=0}=\dfrac{\pi}{4}$.

第三节　常数变易法解一阶线性微分方程

形如

$$y'+p(x)y=q(x) \tag{10-3-1}$$

的一阶微分方程,称为**一阶线性微分方程**(因为它是关于 y 及 y' 的一次方程).

如果 $q(x)\equiv 0$,则方程(10-3-1)变为

$$y'+p(x)y=0, \tag{10-3-2}$$

称其为**一阶齐次线性微分方程**.

如果 $q(x)\neq 0$,则称方程(10-3-1)为**一阶非齐次线性微分方程**.

一、一阶齐次线性微分方程的通解

将方程(10-3-2)分离变量,得

$$\frac{\mathrm{d}y}{y}=-p(x)\mathrm{d}x,$$

两端积分,得

$$\ln|y|=-\int p(x)\mathrm{d}x+C_1,$$

即

$$y=\pm \mathrm{e}^{C_1}\mathrm{e}^{-\int p(x)\mathrm{d}x}\quad (C_1\text{ 为任意常数}).$$

又 $y=0$ 也是方程(10-3-2)的解,所以方程(10-3-2)的通解为

$$y=C\mathrm{e}^{-\int p(x)\mathrm{d}x}\quad (C\text{ 为任意常数}).$$

例 1 求微分方程$\frac{\mathrm{d}y}{\mathrm{d}x}+x^2y=0$的通解.

解 分离变量,得

$$\frac{\mathrm{d}y}{y}=-x^2\mathrm{d}x,$$

两端积分,得

$$\ln|y|=-\frac{x^3}{3}+C_1,$$

即

$$y=C\mathrm{e}^{-\frac{x^3}{3}}\quad (C=\pm \mathrm{e}^{C_1}).$$

又 $y=0$ 也是微分方程的解,得微分方程的通解为

$$y=C\mathrm{e}^{-\frac{x^3}{3}}\quad (C\text{ 为任意常数}).$$

注 求解微分方程的过程中,当遇到对数时,在不影响微分方程解的情况下,可以省略绝对值记号.

例 2 求微分方程$\frac{\mathrm{d}y}{\mathrm{d}x}+\frac{1}{x}y=0$满足初始条件$y\big|_{x=1}=2$的特解.

解 分离变量,得

$$\frac{\mathrm{d}y}{y}=-\frac{\mathrm{d}x}{x},$$

两端积分,得

$$\ln y=-\ln x+\ln C,$$

即

$$xy=C.$$

由 $y\big|_{x=1}=2$ 得 $C=2$,因此所求微分方程的特解为

$$xy=2.$$

二、一阶非齐次线性微分方程的通解

我们用"常数变易法"求一阶非齐次线性微分方程(10-3-1)的通解.将与方程

(10-3-1) 对应的齐次方程(10-3-2) 通解中的任意常数 C 看作 x 的函数 $C(x)$,即令

$$y = C(x)e^{-\int p(x)dx}, \tag{10-3-3}$$

并以(10-3-3)式满足方程(10-3-1)为条件求出 $C(x)$,然后将求出的 $C(x)$ 代入(10-3-3)式便得到方程(10-3-1)的通解.

对(10-3-3)式求导数,有

$$\frac{dy}{dx} = C'(x)e^{-\int p(x)dx} - p(x)C(x)e^{-\int p(x)dx}. \tag{10-3-4}$$

将(10-3-3)式和(10-3-4)式代入方程(10-3-1)得

$$C'(x)e^{-\int p(x)dx} - p(x)C(x)e^{-\int p(x)dx} + p(x)C(x)e^{-\int p(x)dx} = q(x),$$

即

$$C'(x)e^{-\int p(x)dx} = q(x),$$

两端积分,得

$$C(x) = \int q(x)e^{\int p(x)dx}dx + C.$$

将上式代入(10-3-3)式,便得一阶非齐次线性微分方程(10-3-1)的通解

$$y = e^{-\int p(x)dx}\left[\int q(x)e^{\int p(x)dx}dx + C\right]. \tag{10-3-5}$$

由此我们得到一阶非齐次线性微分方程(10-3-1)的求解步骤如下:

(1) 求与方程(10-3-1)对应的齐次方程(10-3-2)的通解

$$y = Ce^{-\int p(x)dx};$$

(2) 将 $y = Ce^{-\int p(x)dx}$ 中的常数 C 换成函数 $C(x)$,即 $y = C(x)e^{-\int p(x)dx}$,并求出 y';

(3) 将 y 及 y' 代入方程(10-3-1),解出

$$C(x) = \int q(x)e^{\int p(x)dx}dx + C;$$

(4) 代入(2)中 y 的表达式,得方程(10-3-1)的通解为

$$y = e^{-\int p(x)dx}\left[\int q(x)e^{\int p(x)dx}dx + C\right].$$

例 3 求微分方程 $y' - \dfrac{2}{x+1}y = (x+1)^3$ 的通解.

解 这是一个一阶非齐次线性微分方程,它对应的齐次方程为

$$y' - \frac{2}{x+1}y = 0,$$

分离变量,得

$$\frac{dy}{y} = \frac{2}{x+1}dx,$$

两端积分,得

$$\ln y = 2\ln(x+1) + \ln C,$$

即

$$y = C(x+1)^2. \tag{10-3-6}$$

这就是对应齐次方程的通解.

将(10-3-6)式中的 C 换成 $C(x)$,即令

$$y = C(x)(x+1)^2, \tag{10-3-7}$$

则

$$y' = C'(x)(x+1)^2 + 2C(x)(x+1). \tag{10-3-8}$$

将(10－3－7)式和(10－3－8)式代入原微分方程,得

$$C'(x) = x+1,$$

两端积分,得

$$C(x) = \frac{1}{2}(x+1)^2 + C. \tag{10-3-9}$$

于是,所求微分方程的通解为

$$y = (x+1)^2\left[\frac{1}{2}(x+1)^2 + C\right].$$

例 4　求微分方程 $y' + \frac{1}{x}y - \frac{\sin x}{x} = 0$ 的通解.

解　由于 $p(x) = \frac{1}{x}, q(x) = \frac{\sin x}{x}$,则

$$\int p(x)\,\mathrm{d}x = \int \frac{1}{x}\mathrm{d}x = \ln x,$$

$$\mathrm{e}^{-\int p(x)\mathrm{d}x} = \mathrm{e}^{-\ln x} = \frac{1}{x},$$

$$\int q(x)\mathrm{e}^{\int p(x)\mathrm{d}x}\mathrm{d}x = \int \frac{\sin x}{x}\mathrm{e}^{\ln x}\mathrm{d}x = \int \sin x\mathrm{d}x = -\cos x,$$

因此所求微分方程的通解为

$$y = \frac{1}{x}(-\cos x + C).$$

例 5　求微分方程 $\frac{\mathrm{d}y}{\mathrm{d}x} = \frac{y}{2x - y^2}$ 的通解.

解　该方程不是一阶线性微分方程,但将 x 看作 y 的函数,则它可变形为

$$\frac{\mathrm{d}x}{\mathrm{d}y} - \frac{2}{y}x = -y.$$

这是一阶非齐次线性微分方程. 由于

$$\int p(y)\mathrm{d}y = \int -\frac{2}{y}\mathrm{d}y = -\ln y^2,$$

$$\int q(y)\mathrm{e}^{\int p(y)\mathrm{d}y}\mathrm{d}y = \int -y\cdot\frac{1}{y^2}\mathrm{d}y = \int -\frac{1}{y}\mathrm{d}y = -\ln|y|,$$

于是所求微分方程的通解为

$$x = \mathrm{e}^{-\int p(y)\mathrm{d}y}\left[\int q(y)\mathrm{e}^{\int p(y)\mathrm{d}y}\mathrm{d}y + C\right] = y^2(-\ln|y| + C).$$

三、伯努利方程

形如

$$y' + p(x)y = q(x)y^n \quad (n \neq 0, 1) \tag{10-3-10}$$

的方程叫作**伯努利**(Bernoulli)**方程**. 当 $n = 0$ 或 $n = 1$ 时,这是一阶线性微分方程. 当 $n \neq 0$, $n \neq 1$ 时,该方程不是线性的,但是通过适当的变量代换,便可把它化为线性的. 事实上,以 y^n

除方程(10-3-10)的两端,得

$$y^{-n}\frac{\mathrm{d}y}{\mathrm{d}x}+p(x)y^{1-n}=q(x). \tag{10-3-11}$$

容易看出,方程(10-3-11)左端第一项与$\frac{\mathrm{d}}{\mathrm{d}x}(y^{1-n})$差一个常数因子$1-n$,因此引入新的未知函数

$$z=y^{1-n},$$

那么

$$\frac{\mathrm{d}z}{\mathrm{d}x}=(1-n)y^{-n}\frac{\mathrm{d}y}{\mathrm{d}x}. \tag{10-3-12}$$

用$1-n$乘以方程(10-3-11)的两端,再通过(10-3-12)式的变量代换便得到一阶非齐次线性微分方程

$$\frac{\mathrm{d}z}{\mathrm{d}x}+(1-n)p(x)z=(1-n)q(x). \tag{10-3-13}$$

求出方程(10-3-13)的通解后,以y^{1-n}回代z,便得到伯努利方程的通解.

例 6 求微分方程$\frac{\mathrm{d}y}{\mathrm{d}x}+\frac{y}{x}=xy^2$的通解.

解 微分方程的两端除以y^2,得

$$y^{-2}\frac{\mathrm{d}y}{\mathrm{d}x}+\frac{1}{x}y^{-1}=x,$$

即

$$-\frac{\mathrm{d}(y^{-1})}{\mathrm{d}x}+\frac{1}{x}y^{-1}=x.$$

令$z=y^{-1}$,则上述微分方程化为

$$\frac{\mathrm{d}z}{\mathrm{d}x}-\frac{1}{x}z=-x.$$

这是一阶非齐次线性微分方程,它的通解为

$$z=\mathrm{e}^{-\int-\frac{1}{x}\mathrm{d}x}\left(\int-x\cdot\mathrm{e}^{\int-\frac{1}{x}\mathrm{d}x}\mathrm{d}x+C\right)=x(-x+C).$$

以y^{-1}回代z,得所求微分方程的通解为

$$xy(C-x)=1.$$

小结

本节主要介绍求一阶线性微分方程的公式方法,(10-3-5)式一般称为常数变易公式,许多微分方程都可化为方程(10-3-1)的形式,然后用常数变易法求解.

应用导学

有些情况下,由实际问题转化来的一阶线性微分方程看似不具有方程(10-3-1)的形式,如本节习题(7),但可以通过变量代换或把自变量视为因变量的函数等方法,把微分方程化为方程(10-3-1)的形式,然后应用常数变易法求解.

习题 10 - 3

求下列微分方程的通解或给定初始条件下的特解：

(1) $\frac{dy}{dx}+y=e^{-x}$；　(2) $y'+y\cos x=e^{-\sin x}$；

(3) $x\frac{dy}{dx}=x-y$；　(4) $y'+\frac{1}{x}y=\frac{1}{x(1+x^2)}$；

(5) $xy'+(1-x)y=e^{2x}$；　(6) $xy'+y=3, y\Big|_{x=1}=0$；

(7) $\frac{dy}{dx}=\frac{1}{x+y}$；　(8) $y'=\frac{1}{x\cos y+\sin 2y}$.

第四节　可降阶的高阶微分方程

一般来说，高阶微分方程的解法比较复杂，没有一个统一的解法. 对一些特殊类型的高阶微分方程，我们可以通过代换将其化为较低阶的微分方程来求解. 本节我们主要以二阶微分方程为例讨论几种可降阶的高阶微分方程的解法.

一、只含自变量 x 的微分方程

微分方程

$$y^{(n)}=f(x) \tag{10-4-1}$$

的左端是未知函数的 n 阶导数，右端只含自变量 x.

对方程(10 - 4 - 1) 两端积分，得

$$y^{(n-1)}=\int f(x)dx+C_1. \tag{10-4-2}$$

通过一次积分后，就将方程(10-4-1) 化为 $n-1$ 阶微分方程. 通过逐次积分逐步降阶，最后两端积分 n 次就得到方程(10 - 4 - 1) 的通解.

例 1　求微分方程 $y''=\cos x$ 的通解.

解　对 $y''=\cos x$ 两端积分，得

$$y'=\int\cos x dx=\sin x+C_1.$$

对 $y'=\sin x+C_1$ 两端积分，得

$$y=-\cos x+C_1x+C_2.$$

这就是微分方程 $y''=\cos x$ 的通解.

例 2　求微分方程 $y'''=\frac{\ln x}{x^2}$ 满足初始条件 $y\Big|_{x=1}=0, y'\Big|_{x=1}=1, y''\Big|_{x=1}=2$ 的特解.

解 对 $y'''=\dfrac{\ln x}{x^2}$ 两端积分,得

$$y''=\int\frac{\ln x}{x^2}\mathrm{d}x=-\frac{\ln x}{x}-\frac{1}{x}+C_1,$$

由 $y''\Big|_{x=1}=2$ 得 $C_1=3$,所以

$$y''=-\frac{\ln x}{x}-\frac{1}{x}+3.$$

对 $y''=-\dfrac{\ln x}{x}-\dfrac{1}{x}+3$ 两端积分,得

$$y'=\int\left(-\frac{\ln x}{x}-\frac{1}{x}+3\right)\mathrm{d}x=3x-\frac{1}{2}(\ln x)^2-\ln x+C_2,$$

由 $y'\Big|_{x=1}=1$ 得 $C_2=-2$,所以

$$y'=3x-\frac{1}{2}(\ln x)^2-\ln x-2.$$

对 $y'=3x-\dfrac{1}{2}(\ln x)^2-\ln x-2$ 两端积分,得

$$y=\int\left[3x-\frac{1}{2}(\ln x)^2-\ln x-2\right]\mathrm{d}x=\frac{3}{2}x^2-2x-\frac{x}{2}(\ln x)^2+C_3,$$

由 $y\Big|_{x=1}=0$ 得 $C_3=\dfrac{1}{2}$,所以原微分方程的特解为

$$y=\frac{3}{2}x^2-2x-\frac{x}{2}(\ln x)^2+\frac{1}{2}.$$

二、不显含未知函数 y 的微分方程

微分方程

$$y''=f(x,y') \tag{10-4-3}$$

的右端不显含未知函数 y. 为了求其通解,令 $p=y'=\dfrac{\mathrm{d}y}{\mathrm{d}x}$,则$\dfrac{\mathrm{d}p}{\mathrm{d}x}=y''$,方程(10-4-3)变为

$$\frac{\mathrm{d}p}{\mathrm{d}x}=f(x,p).$$

这是一个关于未知函数 p 的一阶微分方程. 如果能够求出其通解 $p=\varphi(x,C_1)$,那么将该通解代入 $y'=p$,得

$$\frac{\mathrm{d}y}{\mathrm{d}x}=\varphi(x,C_1).$$

两端积分,得方程(10-4-3)的通解为

$$y=\int\varphi(x,C_1)\mathrm{d}x+C_2.$$

例 3 求微分方程 $y''=y'+x$ 的通解.

解 设 $y'=p$,则$\dfrac{\mathrm{d}p}{\mathrm{d}x}=y''$,代入原微分方程,得

$$\frac{\mathrm{d}p}{\mathrm{d}x}=p+x.$$

这是一阶非齐次线性微分方程,解得

$$p=-x-1+C_1\mathrm{e}^x.$$

两端积分,得原微分方程的通解为

$$y=-\frac{1}{2}x^2-x+C_1\mathrm{e}^x+C_2.$$

例 4 求微分方程 $(x^2+1)y''=2xy'$ 的通解.

解 设 $y'=p$,则 $y''=p'=\frac{\mathrm{d}p}{\mathrm{d}x}$,代入原微分方程,得

$$(x^2+1)\frac{\mathrm{d}p}{\mathrm{d}x}=2xp.$$

分离变量,得

$$\frac{\mathrm{d}p}{p}=\frac{2x}{x^2+1}\mathrm{d}x,$$

两端积分,得

$$\ln p=\ln(1+x^2)+\ln C_1,$$

即

$$y'=C_1(x^2+1).$$

上式两端积分,便得原微分方程的通解为

$$y=\int C_1(x^2+1)\mathrm{d}x=C_1\left(\frac{1}{3}x^3+x\right)+C_2.$$

三、不显含自变量 x 的微分方程

微分方程

$$y''=f(y,y') \tag{10-4-4}$$

的右端不显含自变量 x. 为了求其通解,设 $y'=p$,则

$$y''=\frac{\mathrm{d}p}{\mathrm{d}x}=\frac{\mathrm{d}p}{\mathrm{d}y}\cdot\frac{\mathrm{d}y}{\mathrm{d}x}=p\frac{\mathrm{d}p}{\mathrm{d}y}. \tag{10-4-5}$$

将 $y'=p$ 及(10-4-5)式代入 $y''=f(y,y')$,得

$$p\frac{\mathrm{d}p}{\mathrm{d}y}=f(y,p).$$

这是一个关于未知函数 p 的一阶微分方程. 如果能够求出其通解 $p=\varphi(y,C_1)$,那么将该通解代入 $y'=p$,得

$$\frac{\mathrm{d}y}{\mathrm{d}x}=\varphi(y,C_1).$$

分离变量并两端积分,得方程(10-4-4)的通解为

$$\int\frac{\mathrm{d}y}{\varphi(y,C_1)}=x+C_2.$$

注 在求解 $p\frac{\mathrm{d}p}{\mathrm{d}y}=f(y,p)$ 时,经常将 $\frac{\mathrm{d}p}{\mathrm{d}y}$ 写成 p',此时不能把 p' 理解为 $\frac{\mathrm{d}p}{\mathrm{d}x}$.

例 5 求微分方程 $y\frac{\mathrm{d}^2y}{\mathrm{d}x^2}=\left(\frac{\mathrm{d}y}{\mathrm{d}x}\right)^2$ 的通解.

解 设 $y'=p$,则

$$y''=\frac{\mathrm{d}p}{\mathrm{d}x}=\frac{\mathrm{d}p}{\mathrm{d}y}\cdot\frac{\mathrm{d}y}{\mathrm{d}x}=p\frac{\mathrm{d}p}{\mathrm{d}y},$$

代入原微分方程,得

$$yp\frac{\mathrm{d}p}{\mathrm{d}y}=p^2,$$

即

$$\left(y\frac{\mathrm{d}p}{\mathrm{d}y}-p\right)p=0.$$

于是

$$p=0 \quad 或 \quad y\frac{\mathrm{d}p}{\mathrm{d}y}-p=0.$$

由 $p=0$ 解得 $y=C$. 由 $y\frac{\mathrm{d}p}{\mathrm{d}y}-p=0$ 得 $p=C_1y$,即$\frac{\mathrm{d}y}{\mathrm{d}x}=C_1y$,解得 $y=C_2\mathrm{e}^{C_1x}$. 因为 $y=C$ 包含在通解 $y=C_2\mathrm{e}^{C_1x}$ 中(取 $C_1=0$ 即可),所以原微分方程的通解为

$$y=C_2\mathrm{e}^{C_1x}.$$

例 6 求微分方程 $2yy''=(y')^2+1$ 的通解.

解 设 $y'=p$,则 $y''=p\frac{\mathrm{d}p}{\mathrm{d}y}$,代入原微分方程,得

$$2yp\frac{\mathrm{d}p}{\mathrm{d}y}=p^2+1.$$

分离变量,得

$$\frac{2p}{p^2+1}\mathrm{d}p=\frac{1}{y}\mathrm{d}y,$$

两端积分,得

$$\ln(p^2+1)=\ln y+\ln C_1,$$

即

$$p^2+1=C_1y.$$

将 $p=\frac{\mathrm{d}y}{\mathrm{d}x}$ 代入上式,得

$$\left(\frac{\mathrm{d}y}{\mathrm{d}x}\right)^2+1=C_1y.$$

分离变量,得

$$\frac{\mathrm{d}y}{\pm\sqrt{C_1y-1}}=\mathrm{d}x,$$

两端积分,得

$$y=\frac{C_1}{4}(x+C_2)^2+\frac{1}{C_1}.$$

这就是所求微分方程的通解.

小结

本节给出了三种特殊类型的二阶微分方程的求解方法，更高阶的微分方程的求解方法与之类似. 多数情况下降阶后的一阶微分方程是可分离变量的微分方程、齐次微分方程或一阶线性微分方程. 特别地，要弄清楚第二种类型和第三种类型的二阶微分方程的区别，第三种类型的二阶微分方程是考虑到了隐函数的问题.

应用导学

解高阶微分方程时，一般微分方程的阶数就是需要两端积分的次数，因此产生的积分常数的个数和阶数也是一样的.

习题 10-4

1. 形如 $y''=f(x,y')$ 与 $y''=f(y,y')$ 的微分方程求解方法有何异同？

2. 求下列微分方程的通解：

(1) $\dfrac{d^3y}{dx^3}=2\sin x-2\cos x$； (2) $y''=xe^x$；

(3) $xy''-2y'=x^3+x$； (4) $xy''+y'=0$；

(5) $yy''=(y')^2+y'$； (6) $y''=(y')^3+y'$.

3. 求下列微分方程满足所给初始条件的特解：

(1) $y'''=1-xe^x, y(0)=3, y'(0)=2, y''(0)=1$；

(2) $(1-x^2)y''=xy', y(0)=0, y'(0)=1$；

(3) $y^3y''+1=0, y(1)=1, y'(1)=0$.

第五节 微分方程建模

微分方程在几何学、物理学和经济学等方面有着广泛的应用. 应用微分方程解决实际问题的关键在于建立微分方程模型，这就要求对客观规律有所了解. 下面通过例子说明如何应用微分方程解决一些实际问题.

例 1 设降落伞从跳伞塔下落后，所受空气阻力与速度成正比，且降落伞离开跳伞塔时($t=0$)的速度为 0，求降落伞下落速度与时间 t 的函数关系.

解 设降落伞下落速度为 $v(t)$，降落伞在空中下落时同时受到重力和空气阻力的作用，重力大小为 mg，方向与 v 相同；空气阻力大小为 kv(k 为比例系数)，方向与 v 相反，从而降落伞所受外力为

$$F = mg - kv.$$

根据牛顿第二定律 $F = ma$,其中加速度 $a = \frac{\mathrm{d}v}{\mathrm{d}t}$,得微分方程

$$m\frac{\mathrm{d}v}{\mathrm{d}t} = mg - kv. \tag{10-5-1}$$

方程(10-5-1)是可分离变量的微分方程,分离变量,得

$$\frac{\mathrm{d}v}{mg - kv} = \frac{\mathrm{d}t}{m},$$

两端积分,得

$$-\frac{1}{k}\ln(mg - kv) = \frac{t}{m} + C_1,$$

即得通解

$$mg - kv = \mathrm{e}^{-\frac{k}{m}t - kC_1},$$

亦即

$$v = \frac{mg}{k} + C\mathrm{e}^{-\frac{k}{m}t} \quad \left(C = -\frac{\mathrm{e}^{-kC_1}}{k}\right).$$

将初始条件 $v\Big|_{t=0} = 0$ 代入上式,得

$$C = -\frac{mg}{k}.$$

于是,降落伞下落速度与时间 t 的函数关系为

$$v = \frac{mg}{k}(1 - \mathrm{e}^{-\frac{k}{m}t}).$$

例 2 在某人群中推广新技术是通过其中已掌握新技术的人进行的.设该人群的总人数为 N,在 $t = 0$ 时刻已掌握新技术的人数为 x_0,在任意 t 时刻已掌握新技术的人数为 $x(t)$,单位时间内已掌握新技术的一个人能推广的人数与未掌握新技术的人数成正比,比例系数为 $k(k > 0)$,求 $x(t)$.

解 由题意得

$$\begin{cases} \dfrac{\mathrm{d}x}{\mathrm{d}t} = kx(N - x), \\ x\Big|_{t=0} = x_0. \end{cases}$$

方程 $\frac{\mathrm{d}x}{\mathrm{d}t} = kx(N - x)$ 是可分离变量的微分方程,分离变量,得

$$\left(\frac{1}{x} + \frac{1}{N - x}\right)\mathrm{d}x = kN\mathrm{d}t,$$

两端积分,得

$$\ln x - \ln(N - x) = kNt + C_1,$$

即得通解

$$x = \frac{CN\mathrm{e}^{kNt}}{1 + C\mathrm{e}^{kNt}}.$$

将初始条件 $x\Big|_{t=0}=x_0$ 代入上式，得 $C=\dfrac{x_0}{N-x_0}$. 于是，任意 t 时刻已掌握新技术的人数为

$$x(t)=\frac{Nx_0\mathrm{e}^{kNt}}{N-x_0+x_0\mathrm{e}^{kNt}}.$$

例 3 已知某车间长、宽各 30 m，高 6 m，其中空气中 CO_2 的含量为0.12%(以容积计算). 现以 CO_2 含量为 0.04% 的新鲜空气输入该车间内，问：每分钟应输入多少新鲜空气，才能在 30 min 后使得该车间内空气中 CO_2 的含量不超过0.06%(假定输入的新鲜空气与原有的空气很快混合均匀后，以相同的流量排出)?

解 设每分钟应输入 a m^3 的新鲜空气，才能在 30 min 后使得该车间内空气中 CO_2 的含量不超过0.06%. 设在 t 时刻该车间内每立方米空气中 CO_2 的含量为 $x(t)$，则在时间间隔$[t,t+\mathrm{d}t]$内该车间内每立方米空气中 CO_2 的改变量为 $\mathrm{d}x$，整个车间内 CO_2 的改变量为 $30\times30\times6\mathrm{d}x=5\,400\mathrm{d}x$，输入车间内 CO_2 的量为 $a\times0.04\%\mathrm{d}t=0.000\,4a\mathrm{d}t$，输出车间 CO_2 的量为 $ax\mathrm{d}t$，因此

$$5\,400\mathrm{d}x=0.000\,4a\mathrm{d}t-ax\mathrm{d}t.$$

分离变量，得

$$\frac{\mathrm{d}x}{x-0.000\,4}=\frac{-a\mathrm{d}t}{5\,400},$$

两端积分，得

$$\ln(x-0.000\,4)=-\frac{a}{5\,400}t+\ln C,$$

即

$$x=0.000\,4+C\mathrm{e}^{-\frac{a}{5\,400}t}.$$

将初始条件 $x\Big|_{t=0}=0.001\,2$ 代入上式，解得 $C=0.000\,8$，从而

$$x=0.000\,4+0.000\,8\mathrm{e}^{-\frac{a}{5\,400}t}.$$

将 $x\Big|_{t=30}=0.000\,6$ 代入上式，求得

$$a=360\ln2\approx250,$$

故每分钟应至少输入 250 m^3 的新鲜空气，才能在 30 min 后使得该车间内空气中 CO_2 的含量不超过 0.06%.

例 4 由牛顿冷却定律可知，物体的冷却速度与自身温度和外界温度的差成正比. 已知空气温度为 30 ℃ 时，某物体由 100 ℃ 经 15 min 冷却至 70 ℃，问：该物体由 100 ℃ 冷却至 40 ℃，需要多少时间?

解 设 t 时刻该物体的温度为 $T(t)$，由牛顿冷却定律知

$$\frac{\mathrm{d}T}{\mathrm{d}t}=-k(T-30),$$

其中 k 为比例系数，$k>0$.

对上式分离变量，得

$$\frac{\mathrm{d}T}{T-30}=-k\mathrm{d}t,$$

两端积分，得

$$\ln(T-30)=-kt+C_1,$$

即

$$T=30+Ce^{-kt}.$$

由 $T(0)=100, T(15)=70$,得 $C=70, k=\frac{1}{15}\ln\frac{7}{4}$,因此

$$T=30+70e^{-\left(\frac{1}{15}\ln\frac{7}{4}\right)t},$$

由此得

$$t=-\frac{15}{\ln\frac{7}{4}}\ln\frac{T-30}{70}.$$

将 $T=40$ 代入上式得

$$t=\frac{15\ln 7}{\ln 7-\ln 4}\approx 52,$$

故约需 52 min 可使得该物体温度冷却至 40 ℃.

小结

微分方程建模的关键是:找出实际问题中的变化规律依赖哪些量,确定变化规律所符合的关系式,注意由其中反映事物个性的特殊状态确定初始条件.

应用导学

本节仅介绍了微分方程建模中最基本、最简单的理论及应用,有兴趣的读者可参阅《常微分方程(第四版)》(王高雄,周之铭,朱思铭等,高等教育出版社)、《常微分方程教程(第二版)》(丁同仁,李承治,高等教育出版社)以及《常微分方程》(韩茂安,周盛凡,邢业朋等,高等教育出版社).

习题 10-5

1. 人口增长受到自然资源和环境条件的约束,人口增长率 $r(x)$ 应是人口数量 x 的单调减少函数,假设 $r(x)=r-sx$,其中 r 为常数,为人口固有增长率. 已知自然资源和环境条件所能容纳的最大人口数量为 x_m,称为最大人口容量,初始时刻($t=0$)的人口数为 x_0,求人口数量 $x(t)$ 随时间 t 的变化规律.

2. 镭的衰变速度有如下规律:镭的衰变速度与它的现存量 R 成正比. 由材料知,镭经过 1 600 年后,只余原始量 R_0 的一半,试求镭的现存量 R 与时间 t 的函数关系(时间以年为单位).

3. 假设人们开始在一间大小为 60 m^3 的房间里抽烟,从而向房间内输入一氧化碳含量为 5% 的空气,输入速率为 0.002 m^3/min. 烟气与房间内空气立即混合,并且混合气体以 0.002 m^3/min 的速率离开房间,试列出房间内一氧化碳的含量 $D(t)$ 所满足的微分方程并求解,指出房间内一氧化碳含量的极限值.

4. 已知生产某产品的固定成本为 $a>0$，生产 x 单位的边际成本与平均单位成本之差为 $\frac{x}{a}-\frac{a}{x}$，且当产量的数值为 a 时，相应的成本为 $2a$，求成本 C 与产量 x 的函数关系.

知识网络图

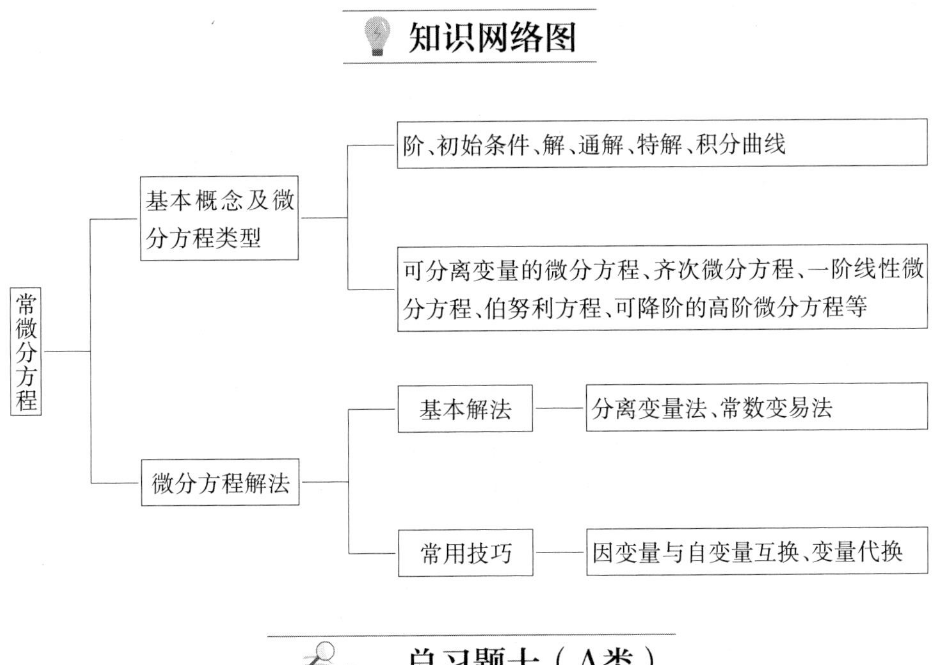

总习题十（A类）

1. 求下列微分方程的通解或给定初始条件下的特解：

(1) $xy'+\frac{y^2}{x}=0$；

(2) $(1+x)y\mathrm{d}x+(1-y)x\mathrm{d}y=0, y\Big|_{x=1}=1$；

(3) $\frac{y}{x}-\frac{\mathrm{d}y}{\mathrm{d}x}=4, y\Big|_{x=1}=1$；

(4) $(x^2+y^2)\mathrm{d}x-2xy\mathrm{d}y=0$.

2. 求下列微分方程的通解：

(1) $y'''=\mathrm{e}^{2x}-\cos x$；　(2) $y''=x+\sin x$；

(3) $y''=1+(y')^2$；　(4) $y''=\frac{1}{x}y'$.

3. 求下列微分方程满足所给初始条件的特解：

(1) $(1+x^2)y''=2xy', y(0)=1, y'(0)=3$；

(2) $y''=\mathrm{e}^{2y}, y(0)=0, y'(0)=1$；

(3) $y''=3\sqrt{y}, y(0)=1, y'(0)=2$.

总习题十(B类)

1. 选择题:

(1) 设一阶非齐次线性微分方程 $y'+p(x)y=q(x)$ 有两个不同的解 $y_1(x),y_2(x)$,C 为任意常数,则该微分方程的通解是(　　);

A. $C[y_1(x)-y_2(x)]$　　B. $y_1(x)+C[y_1(x)-y_2(x)]$

C. $C[y_1(x)+y_2(x)]$　　D. $y_1(x)+C[y_1(x)+y_2(x)]$

(2) 设 y_1,y_2 是一阶非齐次线性微分方程 $y'+p(x)y=q(x)$ 的两个特解. 若有常数 λ,μ 使得 $\lambda y_1+\mu y_2$ 是该微分方程的解,$\lambda y_1-\mu y_2$ 是该微分方程对应的齐次微分方程的解,则(　　).

A. $\lambda=\frac{1}{2},\mu=\frac{1}{2}$　　B. $\lambda=-\frac{1}{2},\mu=-\frac{1}{2}$

C. $\lambda=\frac{2}{3},\mu=\frac{1}{3}$　　D. $\lambda-\frac{2}{3},\mu=\frac{2}{3}$

2. 填空题:

(1) 微分方程 $xy'+y=0$ 满足初始条件 $y(1)=2$ 的特解为________;

(2) 设函数 $f(x)$ 在点 $x=2$ 的某个邻域内可导,且 $f'(x)=e^{f(x)}$,$f(2)=1$,则 $f'''(2)=$ ________;

(3) 微分方程 $\frac{dy}{dx}=\frac{y}{x}-\frac{1}{2}\left(\frac{y}{x}\right)^3$ 满足初始条件 $y(1)=1$ 的特解为________;

(4) 微分方程 $xy'+y=0$ 满足初始条件 $y(1)=1$ 的特解为________;

(5) 设某商品的收益函数为 $R(p)$,收益弹性为 $1+p^3$,其中 p 为价格,且 $R(1)=1$,则 $R(p)=$ ________.

3. 设函数 $F(x)=f(x)g(x)$,其中 $f(x),g(x)$ 在 $(-\infty,+\infty)$ 上满足以下条件:

$$f'(x)=g(x),\quad g'(x)=f(x)\quad 且\quad f(0)=0,\quad f(x)+g(x)=2e^x.$$

(1) 求 $F(x)$ 所满足的一阶微分方程;

(2) 求 $F(x)$ 的表达式.

4. 设级数

$$\frac{x^4}{2\cdot4}+\frac{x^6}{2\cdot4\cdot6}+\frac{x^8}{2\cdot4\cdot6\cdot8}+\cdots\quad(-\infty<x<+\infty)$$

的和函数为 $s(x)$. 求:

(1) $s(x)$ 所满足的一阶微分方程;

(2) $s(x)$ 的表达式.

5. 在 xOy 平面上,连续曲线 L 过点 $M(1,0)$,其上任意点 $P(x,y)(x\neq0)$ 处的切线斜率与直线 OP 的斜率之差等于 ax(常数 $a>0$).

(1) 求 L 的方程;

(2) 当由 L 与直线 $y=ax$ 所围成的平面图形的面积为 $\frac{8}{3}$ 时,求 a 的值.

6. 设曲线 $y=f(x)$,其中 $f(x)$ 是可导函数,且 $f(x)>0$. 已知由曲线 $y=f(x)$ 与直线

$y=0, x=1$ 及 $x=t(t>1)$ 所围成的曲边梯形绕 x 轴旋转一周所得的立体体积是该曲边梯形面积值的 πt 倍，求该曲线的方程.

7. 已知函数 $f(x)$ 满足方程

$$f''(x)+f'(x)-2f(x)=0 \quad 及 \quad f'(x)+f(x)=2\mathrm{e}^{x}.$$

求：

(1) $f(x)$ 的表达式；

(2) 曲线 $y=f(x^2)\int_0^x f(-t^2)\mathrm{d}t$ 的拐点.

8. 设函数 $f(u)$ 具有二阶连续导数，$z=f(\mathrm{e}^x\cos y)$ 满足

$$\frac{\partial^2 z}{\partial x^2}+\frac{\partial^2 z}{\partial y^2}=(4z+\mathrm{e}^x\cos y)\mathrm{e}^{2x}.$$

若 $f(0)=0, f'(0)=0$，求 $f(u)$ 的表达式.

9. 设函数 $f(x)$ 在定义域 I 上的导数大于零. 若对于任意的 $x_0\in I$，曲线 $y=f(x)$ 在点 $(x_0, f(x_0))$ 处的切线与直线 $x=x_0$ 及 x 轴所围成的平面图形的面积恒为 4，且 $f(0)=2$，求 $f(x)$ 的表达式.

10. 已知 $y=y(x)$ 是微分方程 $y'-xy=\dfrac{1}{2\sqrt{x}}\mathrm{e}^{\frac{x^2}{2}}$ 满足初始条件 $y(1)=\sqrt{\mathrm{e}}$ 的特解.

(1) 求 $y(x)$ 的表达式；

(2) 设平面区域 $D=\{(x,y)\mid 1\leqslant x\leqslant 2, 0\leqslant y\leqslant y(x)\}$，求 D 绕 x 轴旋转一周所得立体的体积.

习题参考答案

习题 6－1

1. (1) $P'(1,1,-1)$； (2) $P'(1,-1,-1)$； (3) $P'(-1,-1,1)$.
2. (1) $P'(0,b,c)$； (2) $P'(-|a|,|b|,|c|)$； (3) $P'(a,0,0)$.
3. $\sqrt{2}$.
4. 点 P 到 x 轴的距离为 $\sqrt{13}$，点 P 到 y 轴的距离为 $\sqrt{10}$，点 P 到 z 轴的距离为 $\sqrt{5}$.

习题 6－2

1. $(x-1)^2+(y+1)^2+(z-1)^2=4$.
2. $x^2+y^2+z^2=9$.
3. (1) 平行于 yOz 平面的平面； (2) 平行于 z 轴的平面；
   (3) 母线平行于 z 轴的双曲柱面； (4) 以 z 轴为中心轴，半径为 4 的圆柱面.
4. (1) 圆； (2) 椭圆； (3) 双曲线； (4) 抛物线.

总习题六(A 类)

1. (1) C； (2) B； (3) C.
2. (1) $(1,-2,-3)$； (2) $(1,2,-3)$； (3) $x-y=0$.
3. (1) ×； (2) ×.
4. (1) 母线平行于 z 轴的椭圆柱面；
   (2) 母线平行于 z 轴的双曲柱面；
   (3) 母线平行于 y 轴的抛物柱面；
   (4) 母线平行于 x 轴的椭圆柱面.

习题 7－1

1. (1) $D=\{(x,y)\,|\,x\geqslant 0,-\infty<y<+\infty\}$；
   (2) $D=\{(x,y)\,|\,x^2+y^2\leqslant 4\}$；
   (3) $D=\{(x,y)\,|\,y^2>2x-1\}$；
   (4) $D=\{(x,y)\,|\,x+y>0,x-y>0\}$；
   (5) $D=\{(x,y)\,|\,|y|\leqslant|x|$ 且 $x\neq 0\}$.

2. $f\left(1,\dfrac{y}{x}\right)=\dfrac{2xy}{x^2+y^2}$.

习题 7－2

1. (1) 0； (2) $\ln 2$； (3) 2； (4) 2； (5) 0.

2. (1) 抛物线 $y^2=2x$ 上的点； (2) 直线 $x-y=0$ 上的点； (3) $(0,0)$.

3. 略.

4. 连续.

习题 7－3

1. (1) $z'_x=2x-2y, z'_y=-2x+3y^2$；

   (2) $z'_x=\sin y\cdot x^{\sin y-1}, z'_y=x^{\sin y}\ln x\cdot\cos y$；

   (3) $z'_x=2\sin 2y, z'_y=4x\cos 2y$；

   (4) $z'_x=y(\cos xy-\sin 2xy), z'_y=x(\cos xy-\sin 2xy)$；

   (5) $z'_x=\dfrac{1}{2x\sqrt{\ln xy}}, z'_y=\dfrac{1}{2y\sqrt{\ln xy}}$；

   (6) $u'_x=\dfrac{y}{z}x^{\frac{y}{z}-1}, u'_y=\dfrac{1}{z}x^{\frac{y}{z}}\ln x, u'_z=-\dfrac{y}{z^2}x^{\frac{y}{z}}\ln x$.

2. (1) $z''_{xx}=6x+4y, z''_{yy}=-10x, z''_{xy}=4x-10y$；

   (2) $z''_{xx}=2y\mathrm{e}^y, z''_{yy}=x^2(2+y)\mathrm{e}^y, z''_{xy}=2x(1+y)\mathrm{e}^y$.

3. ～4. 略.

习题 7－4

1. (1) $\mathrm{d}z=\left(6xy+\dfrac{1}{y}\right)\mathrm{d}x+\left(3x^2-\dfrac{x}{y^2}\right)\mathrm{d}y$；

   (2) $\mathrm{d}z=\cos(x\cos y)\cos y\mathrm{d}x-x\sin y\cos(x\cos y)\mathrm{d}y$；

   (3) $\mathrm{d}z=\mathrm{e}^{x-2y}\mathrm{d}x-2\mathrm{e}^{x-2y}\mathrm{d}y$；

   (4) $\mathrm{d}z=\dfrac{4x}{2x^2+3y^2}\mathrm{d}x+\dfrac{6y}{2x^2+3y^2}\mathrm{d}y$.

2. (1) 0； (2) $\mathrm{d}x+\mathrm{d}y$； (3) $\dfrac{4}{7}\mathrm{d}x+\dfrac{2}{7}\mathrm{d}y$.

3. 2.95.

4. $\Delta V\approx \mathrm{d}V=1.2\pi(\mathrm{cm}^3)$.

习题 7－5

1. (1) $\dfrac{\mathrm{d}z}{\mathrm{d}t}=-(\mathrm{e}^t+\mathrm{e}^{-t})$； (2) $\dfrac{\mathrm{d}z}{\mathrm{d}t}=\mathrm{e}^{\sin t-2t^3}(\cos t-6t^2)$.

2. (1) $\dfrac{\partial z}{\partial x}=\dfrac{3}{2}x^2\sin 2y(\cos y-\sin y)$,

$$\frac{\partial z}{\partial y}=x^3(\cos y+\sin y)(1-3\sin x\cos y);$$

(2) $\frac{\partial z}{\partial u}=-\frac{2v^2}{u^2(3v-2u)}-\frac{2v^2}{u^3}\ln(3v-2u)$,

$$\frac{\partial z}{\partial v}=\frac{3v^2}{u^2(3v-2u)}+\frac{2v}{u^2}\ln(3v-2u);$$

(3) $\frac{\partial z}{\partial x}=2x\frac{\partial f}{\partial u}+ye^{xy}\frac{\partial f}{\partial v},\frac{\partial z}{\partial y}=2y\frac{\partial f}{\partial u}+xe^{xy}\frac{\partial f}{\partial v}$;

(4) $\frac{\partial z}{\partial x}=2x\frac{\partial f}{\partial u},\frac{\partial z}{\partial y}=2y\frac{\partial f}{\partial v}$.

3. (1) $\frac{\partial z}{\partial x}=\frac{yz-\sqrt{xyz}}{\sqrt{xyz}-xy},\frac{\partial z}{\partial y}=\frac{xz-2\sqrt{xyz}}{\sqrt{xyz}-xy}$;

(2) $\frac{\partial z}{\partial x}=\frac{1+yz\sin(xyz)}{1-xy\sin(xyz)},\frac{\partial z}{\partial y}=\frac{1+xz\sin(xyz)}{1-xy\sin(xyz)}$.

4. 略.

5. $\frac{\partial^2 z}{\partial x^2}=\frac{2y^2ze^z-y^2z^2e^z-2xy^3z}{(e^z-xy)^3}$.

6. $\frac{\partial^2 z}{\partial x^2}=-\frac{16xz}{(3z^2-2x)^2},\frac{\partial^2 z}{\partial y^2}=-\frac{6z}{(3z^2-2x)^2}$.

习题 7-6

1. (1) 极小值 $f(1,1)=-1$;

(2) 极大值 $f(2,-2)=9$;

(3) 极小值 $f(\pm1,0)=-1$;

(4) 极小值 $f(1,1)=-1$,极小值 $f(-1,-1)=-1$.

2. 最大值 $f(3,0)=9$,最小值 $f(0,0)=f(2,2)=0$.

3. 极大值 $f\left(\frac{\sqrt{6}}{6},\frac{\sqrt{6}}{6},\frac{\sqrt{6}}{6}\right)=\frac{\sqrt{6}}{36}$.

4. 长为 $2\sqrt{10}$ m,宽为 $3\sqrt{10}$ m.

5. 100 单位,25 单位.

总习题七(A 类)

1. (1) A; (2) B; (3) C.

2. (1) 4; (2) 0.023,0; (3) 0,0.

3. (1) √; (2) √; (3) ×; (4) ×.

4. $\{(x,y)\mid 0<x^2+y^2<1,y^2<4x\}$.

5. 0.

6. $\frac{\partial z}{\partial x}=y^2(1+xy)^{y-1},\frac{\partial z}{\partial y}=(1+xy)^y\left[\ln(1+xy)+\frac{xy}{1+xy}\right]$.

7. $\frac{\partial z}{\partial x}=\frac{2}{y}\csc\frac{2x}{y},\frac{\partial z}{\partial y}=-\frac{2x}{y^2}\csc\frac{2x}{y}$.

8. $\frac{\partial^2 z}{\partial x^2}=\frac{2xy}{(x^2+y^2)^2}$，$\frac{\partial^2 z}{\partial x\partial y}=\frac{y^2-x^2}{(x^2+y^2)^2}$，$\frac{\partial^2 z}{\partial y^2}=-\frac{2xy}{(x^2+y^2)^2}$.

9. $\frac{1}{3}\mathrm{d}x+\frac{2}{3}\mathrm{d}y$.

10. $-\frac{x}{(x^2+y^2)^{\frac{3}{2}}}(y\mathrm{d}x-x\mathrm{d}y)$.

11. 2.039.

12. $\frac{3(1-4t^2)}{\sqrt{1-(3t-4t^3)^2}}$.

13. $\frac{y^2-\mathrm{e}^x}{\cos y-2xy}$.

14. 极大值 $f(3,2)=36$.

15. 最大值 $f(0,1)=2$，最小值 $f\left(0,-\frac{1}{4}\right)=-\frac{9}{8}$.

16. $-\frac{3}{8}$，$-\frac{2}{5}$，$\frac{5}{2}$.

17. ～18. 略.

总习题七(B类)

1. (1) D； (2) B； (3) D； (4) D.

2. (1) $-\frac{g'(v)}{g^2(v)}$； (2) $2\mathrm{e}\mathrm{d}x+(\mathrm{e}+2)\mathrm{d}y$；

(3) $4\mathrm{d}x-2\mathrm{d}y$； (4) $-2\frac{y}{x}f'_1\left(\frac{y}{x},\frac{x}{y}\right)+2\frac{x}{y}f'_2\left(\frac{y}{x},\frac{x}{y}\right)$；

(5) $2\ln 2+1$； (6) $2\left(\ln 2+\frac{1}{2}\right)\mathrm{d}x-2\left(\ln 2+\frac{1}{2}\right)\mathrm{d}y$；

(7) $2\mathrm{d}x-\mathrm{d}y$； (8) $2-2\ln 2$；

(9) $-\frac{1}{3}\mathrm{d}x-\frac{2}{3}\mathrm{d}y$； (10) $-\mathrm{d}x+2\mathrm{d}y$；

(11) $xy\mathrm{e}^y$.

3. x^2+y^2.

4. $\frac{2y}{x}f'\left(\frac{y}{x}\right)$.

5. (1) $\frac{1}{x}-\frac{1-\pi x}{\arctan x}$； (2) π.

6. (1) $\mathrm{d}z=\frac{(-\varphi'+2x)\mathrm{d}x+(-\varphi'+2y)\mathrm{d}y}{\varphi'+1}$；

(2) $\frac{\partial u}{\partial x}=-\frac{2\varphi''(1+2x)}{(\varphi'+1)^3}$.

7. 极小值 $f\left(0,\frac{1}{\mathrm{e}}\right)=-\frac{1}{\mathrm{e}}$.

8. 最大值为 $5\sqrt{5}$，最小值为 $-5\sqrt{5}$.

9. $f''_{11}(2,2)+f'_2(2,2)f''_{12}(1,1)$.

10. (1) $C(x,y)=20x+\dfrac{x^2}{4}+6y+\dfrac{1}{2}y^2+10\ 000$;

(2) 甲产品24件，乙产品26件时成本最小，最小成本为$C(24,26)=11\ 118$(万元)；

(3) 总产量为50件且成本最小时，甲产品的边际成本(单位：万元/件)为$C_x(24,26)=32$，表示在要求总产量为50件，而甲产品为24件时，改变1件甲产品的产量，成本会改变32万元.

11. $f'(x)=\begin{cases}4x^2-2x, & 0<x<1,\\ 2x, & x\geqslant 1,\end{cases}$ 最小值为$\dfrac{1}{4}$.

12. 存在，最小值为$\dfrac{1}{\pi+3\sqrt{3}+4}$ m.

习题 8-1

1. $V=\iint\limits_D(10+\sqrt{1-x^2-y^2})\mathrm{d}\sigma$.

2. 图略. (1) k; (2) $\dfrac{2}{3}\pi a^3$.

3. $I_1=4I_2$.

4. (1) $\iint\limits_D(x+y)^2\mathrm{d}\sigma\geqslant\iint\limits_D(x+y)^3\mathrm{d}\sigma$;

(2) $\iint\limits_D(x+y)^2\mathrm{d}\sigma\leqslant\iint\limits_D(x+y)^3\mathrm{d}\sigma$;

(3) $\iint\limits_D\ln(x+y)\mathrm{d}\sigma\geqslant\iint\limits_D[\ln(x+y)]^2\mathrm{d}\sigma$;

(4) $\iint\limits_D\ln(x+y)\mathrm{d}\sigma\leqslant\iint\limits_D[\ln(x+y)]^2\mathrm{d}\sigma$.

5. (1) $0\leqslant I_1\leqslant 2$; (2) $4\leqslant I_2\leqslant 36$;

(3) $36\pi\leqslant I_3\leqslant 100\pi$; (4) $0\leqslant I_4\leqslant \pi^2$.

6. 略.

7. $Q=\iint\limits_D\mu(x,y)\mathrm{d}\sigma$.

习题 8-2

1. (1) $\int_0^2\mathrm{d}x\int_0^1 f(x,y)\mathrm{d}y=\int_0^1\mathrm{d}y\int_0^2 f(x,y)\mathrm{d}x$;

(2) $\int_0^1\mathrm{d}x\int_0^x f(x,y)\mathrm{d}y=\int_0^1\mathrm{d}y\int_y^1 f(x,y)\mathrm{d}x$;

(3) $\int_0^a\mathrm{d}x\int_0^x f(x,y)\mathrm{d}y+\int_a^{2a}\mathrm{d}x\int_0^a f(x,y)\mathrm{d}y+\int_{2a}^{3a}\mathrm{d}x\int_{x-2a}^a f(x,y)\mathrm{d}y$

$=\int_0^a\mathrm{d}y\int_y^{y+2a}f(x,y)\mathrm{d}x$;

(4) $\int_0^1 dx\int_{1-x}^{\sqrt{1-x^2}} f(x,y)dy = \int_0^1 dy\int_{1-y}^{\sqrt{1-y^2}} f(x,y)dx$；

(5) $\int_1^2 dx\int_{\frac{1}{x}}^{x} f(x,y)dy = \int_{\frac{1}{2}}^1 dy\int_{\frac{1}{y}}^2 f(x,y)dx + \int_1^2 dy\int_y^2 f(x,y)dx$；

(6) $\int_{-1}^2 dx\int_{x^2}^{x+2} f(x,y)dy = \int_0^1 dy\int_{-\sqrt{y}}^{\sqrt{y}} f(x,y)dx + \int_1^4 dy\int_{y-2}^{\sqrt{y}} f(x,y)dx$.

2. (1) 图形略，$\int_0^1 dy\int_{e^y}^{e} f(x,y)dx$；

(2) 图形略，$\int_0^1 dx\int_0^{x^2} f(x,y)dy + \int_1^{\sqrt{2}} dx\int_0^{\sqrt{2-x^2}} f(x,y)dy$；

(3) 图形略，$\int_0^{\frac{1}{2}} dx\int_{x^2}^{x} f(x,y)dy$.

3. (1) $(e-1)^2$； (2) $\frac{20}{3}$； (3) $-\frac{3\pi}{2}$； (4) $\frac{6}{55}$； (5) $\frac{64}{15}$； (6) 0.

4. (1) $\pi(e^4-1)$； (2) $\frac{3\pi}{4}a^4$； (3) π； (4) $\frac{\pi}{4}(2\ln 2-1)$； (5) $-6\pi^2$； (6) $\frac{3\pi^2}{64}$.

5. (1) $\frac{9}{4}$； (2) $\frac{8}{15}$； (3) $\frac{\pi}{8}(\pi-2)$； (4) $\frac{4}{9}-\frac{5\sqrt{2}}{18}$.

6. 约 51.18 m^3.

7. $m>1$ 时收敛于$\frac{\pi}{m-1}$，$m\leqslant 1$ 时发散.

习题 8 - 3

1. (1) $\sqrt{2}-1$； (2) $\frac{4}{3}$； (3) $\frac{ab}{6}$； (4) $\frac{a^2}{2}\ln 2$.

2. $\frac{7}{2}$.

3. $\frac{2\pi}{3}$.

4. $\frac{\pi}{2}$.

5. $\frac{3\pi}{32}a^4$.

6. $\frac{3\pi a^2}{2}$.

7. $\frac{4}{3}$.

8. $\frac{2\pi^4}{3}$.

9. $\frac{37}{3}$ 万元.

10. $120\pi(5-e^{-\frac{2}{5}})$ 万人.

总习题八(A类)

1. (1) D; (2) B; (3) A; (4) A; (5) C.

2. (1) 正号; (2) $\geqslant$; (3) $\int_0^{\frac{\sqrt{2}}{2}} dy \int_0^{\arcsin y} f(x,y)dx + \int_{\frac{\sqrt{2}}{2}}^1 dy \int_0^{\arccos y} f(x,y)dx$;

(4) $\frac{9}{8}$; (5) $d\sigma = \rho d\rho d\theta$.

3. 负号.

4. (1) $\frac{100}{51} \leqslant I_1 \leqslant 2$; (2) $\frac{\pi}{e} \leqslant I_2 \leqslant \pi$.

5. (1) $\frac{32R^5}{45}$; (2) $\left(2\sqrt{2} - \frac{8}{3}\right)a\sqrt{a}$; (3) $\frac{1}{280}$; (4) $\frac{1}{3}\left(\frac{\pi}{3} + \frac{\sqrt{3}}{2}\right)$;

(5) $\frac{\pi}{2} + \frac{5}{3}$; (6) $-\frac{2}{3}$.

6. $f(x,y) = xy + \frac{1}{8}$.

7. (1) 极坐标形式略,$\sqrt{2} - 1$; (2) 极坐标形式略,$\frac{\pi a^4}{8}$; (3) 极坐标形式略,a.

8. (1) 0; (2) $\frac{4\pi a^5}{15}$; (3) $\frac{\pi}{2}(1 + e^{\pi})$; (4) $\frac{a^4}{2}$.

9. 略.

10. (1) $\frac{9}{2}$; (2) $\left(\frac{\pi^2}{16} - \frac{1}{2}\right)a^2$; (3) $4 - \frac{\pi}{2}$.

11. $e - 1$.

12. (1) $-\sqrt{\frac{\pi}{2}}$; (2) $\frac{\pi}{2}$.

13. (1) $-\pi$; (2) $\frac{\pi}{6}$.

14. (1) $(\pi - 1)a^2$; (2) $\frac{3}{4}(\pi - \sqrt{3})a^2$; (3) $\frac{5}{8}\pi a^2$.

15. (1) 9; (2) 6π.

16. $\frac{1}{3}R^3 \arctan k$.

17. $2k\pi \ln \frac{b}{a}$.

18. $\frac{b^3 - a^3}{3}\pi$.

总习题八(B类)

1. (1) A; (2) B; (3) A; (4) B; (5) B; (6) B; (7) B.

2. (1) a^2; (2) $\frac{\pi}{4}$; (3) $\frac{1}{2} + \ln 2$; (4) $\frac{1}{2}(e - 1)$.

3. (1) $\frac{16}{9}(3\pi-2)$； (2) $\frac{\pi}{4}-\frac{1}{3}$； (3) $\frac{2}{9}$； (4) $\frac{1}{3}+4\ln(\sqrt{x}+1)$；

(5) $\frac{19}{4}+\ln 2$； (6) $-\frac{8}{3}$； (7) $\frac{14}{15}$； (8) $\frac{1}{2}$；

(9) $\frac{416}{3}$； (10) $-\frac{3}{4}$； (11) $\frac{\pi}{4}-\frac{2}{5}$； (12) $\frac{(2-\sqrt{2})\pi}{16}$；

(13) $\frac{(\pi-2)\sqrt{3}}{32}$.

4. $f(x)=\frac{4}{(2-x)^2}$.

习题 9－1

1. (1) 收敛，$s=\frac{1}{2}$； (2) 发散； (3) 发散； (4) 收敛，$s=1-\sqrt{2}$.
2. 收敛，其和为 $2s-u_1$.
3. (1) 发散； (2) 可能收敛也可能发散.
4. (1) 收敛，$s=-\frac{1}{4}$； (2) 发散； (3) 发散.

习题 9－2

1. (1) 收敛； (2) 收敛； (3) 发散； (4) 发散； (5) 收敛；
   (6) 当 $p>1$ 时收敛，当 $p\leqslant 1$ 时发散.
2. (1) 收敛； (2) 收敛； (3) 发散.
3. (1) 收敛； (2) 发散； (3) 当 $b<a$ 时收敛，当 $b\geqslant a$ 时发散.
4. 收敛.
5. 收敛.

习题 9－3

1. (1) 收敛； (2) 收敛； (3) 收敛； (4) 发散.
2. (1) 条件收敛； (2) 绝对收敛； (3) 绝对收敛； (4) 发散.

习题 9－4

1. (1) $(-2,2]$； (2) $\left(-\frac{1}{\sqrt[3]{5}},\frac{1}{\sqrt[3]{5}}\right)$； (3) $[4,6)$； (4) $[-2,2]$.
2. (1) $s(x)=\frac{2x}{(1-x^2)^2}\ (-1<x<1)$；
   (2) $s(x)=\arctan x\ (-1\leqslant x\leqslant 1)$；
   (3) $s(x)=\frac{1+x}{(1-x)^3}\ (-1<x<1)$.

习题 9－5

1. (1) $\sum_{n=0}^{\infty}(-1)^n \frac{x^{2n}}{n!}$ $(-\infty<x<+\infty)$;

(2) $1+\sum_{n=1}^{\infty}(-1)^n \frac{(2x)^{2n}}{2(2n)!}$ $(-\infty<x<+\infty)$;

(3) $1+\frac{1}{2}x^2+\frac{1\cdot 3}{2\cdot 4}x^4+\frac{1\cdot 3\cdot 5}{2\cdot 4\cdot 6}x^6+\cdots+\frac{1\cdot 3\cdot \cdots\cdot(2n-1)}{2^n\cdot n!}x^{2n}+\cdots$ $(-1<x<1)$;

(4) $x+\frac{1}{2}\cdot\frac{x^3}{3}+\frac{1\cdot 3}{2^2\cdot 2!}\cdot\frac{x^5}{5}+\cdots+\frac{1\cdot 3\cdot \cdots\cdot(2n-1)}{2^n\cdot n!}\cdot\frac{x^{2n+1}}{2n+1}+\cdots$ $(-1<x<1)$.

2. $\sum_{n=0}^{\infty}\left(1-\frac{1}{2^{n+1}}\right)x^n$ $(-1<x<1)$.

3. $\sum_{n=0}^{\infty}\left(\frac{1}{3^{n+1}}-\frac{1}{4^{n+1}}\right)(x+5)^n$ $(-8<x<-2)$.

总习题九(A类)

1. (1) D; (2) A; (3) C; (4) A; (5) B; (6) C.

2. (1) $|q|<1$, $\frac{a}{1-q}(a\neq 0)$, $|q|\geqslant 1$;

(2) $a=0$; (3) $[-1,1)$; (4) $[0,2]$;

(5) 绝对收敛; (6) $1-\sqrt{2}$.

3. (1) 发散; (2) 收敛; (3) 收敛; (4) 发散.

4. (1) 条件收敛; (2) 绝对收敛.

5. (1) $R=2$,收敛域为$(-2,2]$; (2) $R=1$,收敛域为$[-1,0)$.

6. (1) $s=-\frac{3}{7}$; (2) 和函数 $s(x)=\frac{1}{(1-x)^2}$, $\sum_{n=1}^{\infty}\frac{n}{2^n}=2$;

(3) 和函数 $s(x)=\frac{1+x}{(1-x)^3}$ $(|x|<1)$.

7. $\sum_{n=1}^{\infty}(-1)^n\frac{2^{2n}}{(2n)!}x^{2n}$ $(-\infty<x<+\infty)$.

8. $\sum_{n=1}^{\infty}(-1)^{n+1}\frac{n}{2^{n+1}}(x-2)^{n-1}$ $(0<x<4)$.

总习题九(B类)

1. (1) B; (2) B; (3) D; (4) D; (5) A; (6) D; (7) D; (8) C; (9) A; (10) C; (11) B.

2. $\frac{1}{e}$.

3. $f(x)=1-\frac{1}{2}\ln(1+x^2)\ (|x|<1)$,极大值为 $f(0)=1$.

4. $s(x)=\begin{cases}\frac{1}{2x}\ln\frac{1+x}{1-x}-\frac{1}{1-x^2}, & |x|<1,\\ 0, & x=0.\end{cases}$

5. 收敛域为 $[-1,1]$,$s(x)=2x^2\arctan x-x\ln(1+x^2)$.

6. $f(x)=-\frac{1}{15}\sum_{n=0}^{\infty}\left(\frac{x-1}{3}\right)^n+\frac{1}{10}\sum_{n=0}^{\infty}\left(\frac{x-1}{2}\right)^n(-1)^n$,收敛区间为 $(-1,2)$.

7. 3 980 万元.

8. 收敛域为 $(-1,1)$,$s(x)=\frac{3-x}{(1-x)^3}$.

9. 收敛域为 $[-1,1]$,$s(x)=\begin{cases}x\ln\left|\frac{1+x}{1-x}\right|+\ln|1-x^2|, & -1<x<1,\\ 2\ln 2, & x=\pm 1.\end{cases}$

10. $\frac{1}{4}$.

11. (1) 略; (2) 略,$s(x)=\frac{e^{-x}}{1-x}$.

12. $a_n=\begin{cases}n+1, & n\text{ 为奇数},\\ (-1)^n\frac{2^n}{n!}-n-1, & n\text{ 为偶数}.\end{cases}$

习题 10-1

1. (1) 是,二阶; (2) 是,一阶; (3) 是,二阶; (4) 不是微分方程.
2. (1) 是,特解; (2) 是,通解; (3) 是,通解.
3. 验证略,$y=-4\cos x$.

习题 10-2

1. (1) $\tan y\tan x=C$; (2) $(e^y-1)(e^x+1)=C$;
   (3) $4(y+1)^3+3x^4=C$.
2. (1) $\sqrt{2}\cos y=\cos x$; (2) $(e^x+1)=2\sqrt{2}\cos y$.

习题 10-3

(1) $y=e^{-x}(x+C)$; (2) $y=e^{-\sin x}(x+C)$;

(3) $y=\frac{x}{2}+\frac{C}{x}$; (4) $y=\frac{1}{x}\arctan x+\frac{C}{x}$;

(5) $y=e^{-\ln x+x}(e^x+C)$; (6) $y=3-\frac{3}{x}$;

(7) $x=e^y[-(y+1)e^y+C]$; (8) $x=-2\sin y-2+Ce^{\sin y}$.

习题 10－4

1. 后者认为 p 是关于 x 的复合函数.

2. (1) $y=2\cos x+2\sin x+\frac{1}{2}C_1x^2+C_2x+C_3$;

(2) $y=xe^x-2e^x+C_1x+C_2$;

(3) $y=-\frac{x^2}{2}+\frac{x^4}{4}+\frac{1}{3}C_1x^3+C_2$;

(4) $y=C_1\ln x+C_2$;

(5) $y=C_2e^{C_1x}+\frac{1}{C_1}$;

(6) $y=\ln[\sin(x+C_1)]+C_2$.

3. (1) $y=\frac{1}{6}x^3-xe^x+3e^x$;

(2) $y=\arcsin x$;

(3) $x-1=\sqrt{1-y^2}$.

习题 10－5

1. $x(t)=\dfrac{x_m}{1+\left(\dfrac{x_m}{x_0}-1\right)e^{-rt}}$.

2. $R=R_0e^{-0.000\,433t}$.

3. $60\frac{dD}{dt}=10^{-4}\left(1-\frac{D}{5}\right)$, $D(t)=5-5e^{\frac{10^{-4}}{12}t}$, 5%.

4. $C(x)=\dfrac{a^2+x^2}{a}$.

总习题十(A类)

1. (1) $-\frac{1}{y}=\frac{1}{x}+C$; (2) $\ln x+x=\ln y-y+2$;

(3) $y=x(-4\ln x+1)$; (4) $x^3-y^2=Cx^2$.

2. (1) $y=\frac{1}{8}e^{2x}+\sin x+\frac{C_1}{2}x^2+C_2x+C_3$;

(2) $y=\frac{1}{6}x^3-\sin x+C_1x+C_2$;

(3) $y=-\ln[\cos(x+C_1)]+C_2$;

(4) $y=C_1x^2+C_2$.

3. (1) $y=x^2+3x+1$; (2) $x+e^{-y}-1=0$;

(3) $y=\left(\frac{x}{2}+1\right)^4$.

总习题十(B类)

1. (1) B; (2) A.

2. (1) $xy=2$; (2) $2e^3$;

(3) $y^2=\frac{x^2}{1+\ln|x|}$; (4) $y=\frac{1}{x}$;

(5) $pe^{\frac{p^3-1}{3}}$.

3. (1) $F'(x)+2F(x)=4e^{2x}$; (2) $F(x)=e^{2x}-e^{-2x}$.

4. (1) $s'(x)=xs(x)+\frac{x^3}{2}, s(0)=0$; (2) $s(x)=-\frac{x^2}{2}+e^{\frac{x^2}{2}}-1$.

5. (1) $y=ax^2-ax(x\neq 0)$; (2) 2.

6. $2y+\frac{1}{\sqrt{y}}-3x=0$.

7. (1) $f(x)=e^x$; (2) (0,0) 为唯一的拐点.

8. $f(u)=\frac{1}{16}e^{2u}-\frac{1}{16}e^{-2u}-\frac{1}{4}u$.

9. $f(x)=\frac{8}{4-x}$.

10. (1) $y(x)=\sqrt{x}e^{\frac{x^2}{2}}$; (2) $\frac{\pi}{2}(e^4-e)$.

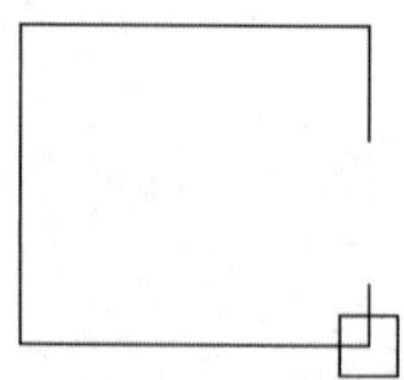

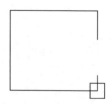

参 考 文 献

[1] 同济大学数学系.高等数学:下[M].7版.北京:高等教育出版社,2014.
[2] 吴赣昌.微积分:经管类:下[M].5版.北京:中国人民大学出版社,2017.
[3] 赵树嫄.微积分[M].4版.北京:中国人民大学出版社,2016.
[4] 陈文灯,杜之韩.微积分:下[M].北京:高等教育出版社,2006.
[5] 刘新和,王中兴,黄敢基.高等数学:下[M].北京:北京大学出版社,2019.
[6] 吕林根,许子道.解析几何[M].5版.北京:高等教育出版社,2019.
[7] 何良材.数学在经济管理中应用实例析解[M].重庆:重庆大学出版社,2007.
[8] 李瑞,宋延奎,王延庚,等.高等数学:分层教学教程[M].上海:上海财经大学出版社,2012.